宝宝游戏与能力训练百科全书

米里亚姆·斯托帕德 著

王冠超 译

A DORLING KINDERSLEY BOOK

中国大百科全书出版社

目录

附加游戏

A Dorling Kindersley Book
www.dk.com

Original Title: Baby's First Skills

绿色印刷　保护环境　爱护健康

亲爱的读者朋友：

本书已入选“北京市绿色印刷工程——优秀出版物绿色印刷示范项目”。它采用绿色印刷标准印制，在封底印有“绿色印刷产品”标志。

按照国家环境标准（HJ2503-2011）《环境标志产品技术要求　印刷　第一部分：平版印刷》，本书选用环保型纸张、油墨、胶水等原辅材料，生产过程注重节能减排，印刷产品符合人体健康要求。

选择绿色印刷图书，畅享环保健康阅读！

北京市绿色印刷工程

北京市版权登记号：图字01-2015-5113

图书在版编目（CIP）数据

DK宝宝游戏与能力训练百科全书/英国DK公司编；王冠超译.—北京：中国大百科全书出版社，2015.10

书名原文：Baby's First Skills

ISBN 978-7-5000-9610-8

Ⅰ. ①D… Ⅱ. ①英… ②王… Ⅲ. ①婴幼儿—哺育—基本知识 Ⅳ. ①TS976.31

中国版本图书馆CIP数据核字（2015）第201403号

译　　者：王冠超

统筹编辑：李建新
责任编辑：林建敏
封面设计：袁　欣

DK宝宝游戏与能力训练百科全书
中国大百科全书出版社出版发行
（北京阜成门北大街17号　邮编：100037）
http://www.ecph.com.cn
新华书店经销
北京华联印刷有限公司印制
开本：787毫米×965毫米　1/16　印张：7
2015年10月第1版　2015年10月第1次印刷
ISBN 978-7-5000-9610-8
定价：38.00元

宝宝的第一年

宝宝第一年的成长和发育，包括三个主要方面：

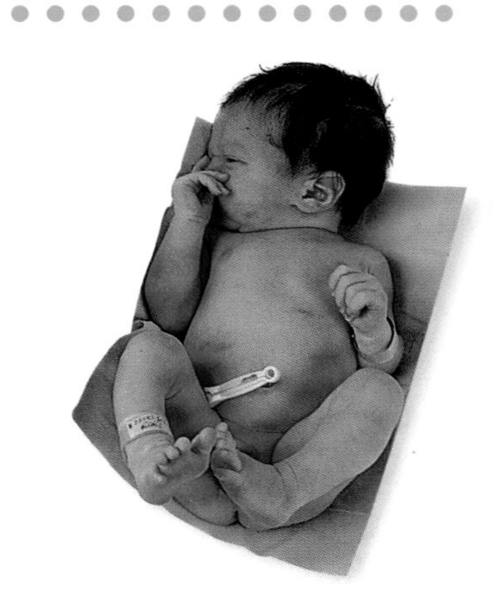

- 开动大脑进行思考，开始发展语言能力。
- 出生后的第一周，试图控制头部的活动，并在此基础上慢慢学习站立和行走。
- 获得控制手指的能力，到10个月大时，就会用拇指和食指拾起豌豆。

宝宝这些技能的获得和提升，将会历经一系列具有标示性的里程碑，我们把这些**里程碑**组合在一起，就构成了所谓的“**宝宝技能指南**”（见12页）。

所有的宝宝都遵循着相同的步骤不断成长，这些里程碑也总会以相同的顺序出现。但对不同的宝宝而言，从一个里程碑过渡到另一个里程碑所需的时间却不尽相同。本书将帮助你更好地了解宝宝的成长和发育状态，并为其每一个成长阶段的到来做好充分准备。

在本书中，我将提供可参考的训练活动，这些活动涵盖了宝宝成长期的各个重要方面，并且符合其自然成长的里程碑。这样，随着宝宝大脑和身体的不断发育，他将掌握那些令人惊喜的成长技能。宝宝技能的掌握，不能超前于他的大脑和身体的发育，这样只能拔苗助长；当然也不能滞后，那样会制约他的成长。本书会帮助你在最恰当的时候给予宝宝帮助。如果你能遵循“**宝宝技能指南**”，就能避免陷入期望过高或过快的怪圈，从而能更好地注意宝宝逐渐显现出的技能，适时地帮助宝宝向前迈进。

让宝宝引导你

在帮助宝宝增长技能时，一定要让宝宝来引导你。这是幼儿成长中毋庸置疑的黄金定律。

宝宝通常会给你发出一些信号，表明他愿意并且有能力继续前进。

跟随宝宝的指引至关重要，因为只有这样，你才能更准确地抓住宝宝获得某种必要技能的最佳时机。

同时，这将让宝宝对他自己非常满意（尤其是能得到你的褒奖），而且，你也能够在宝宝生命之初，及时地帮他建立起自信和自尊，尽管这时候他还只是个小婴儿。你要考虑的是宝宝将如何成长为一个自信的、平等的和有爱心的孩子，**而这所有的基础性工作都包含在宝宝出生的头一年里**。

成长与技能之间的关联

如果你能意识到用食指和拇指拾起豌豆的复杂性和难度，你就会明白：在宝宝有能力获得这种手指技能之前，他的身体一定会先发生某种变化。无论如何，宝宝不是生来就能够拾起一粒豌豆的，这需要提前具备很多的要素，例如：

• 可以让食指和拇指并拢及夹紧的肌肉。
• 在大脑发出“夹紧”信息后，能够听从大脑指令的肌肉。
• 能够将豌豆辨识清楚的眼睛。
• 眼睛所看见的（豌豆的位置及其与眼睛的距离）与手所移动方向的一致性（即手眼协调能力）。
• 能对豌豆发生兴趣并且对肌肉发出指令的较为发达的大脑。
• 将指令由大脑向肌肉传送的神经。

宝宝在 9 个月大的时候才能具备这些要素，这是一次大规模的发育过程——在宝宝能够用食指和拇指拾起豌豆之前，要将所有的要素成功地配合起来。

当宝宝成长的每一个阶段到来的时候，你都可以感受到。宝宝两个月大的时候，虽然他还没有发育到能够抓住东西，但你会发现他有想要抓住某些东西的渴望——宝宝会试图“用眼睛抓”（见 22 页）。我将通过一些可以鼓励宝宝迈向一个新阶段的游戏，帮助你跟随宝宝的成长轨迹。

成长和发育是掌握技能的前提，这是一条重要的原则。今后，当你发现宝宝学会控制大小便的时间并不是遵循你所谓的时间表，而是恪守他自身发育的时间表时，你对这一原则的了解就显得更为重要。你既不能也不该期望这些会片刻地提前。宝宝不可能在一夜之间就不再尿床，也不会在被你放到尿盆上时乖乖地言听计从。拔苗助长的行为将给未来埋下隐患。

需要特别留意的事情

在宝宝出生后的最初几个月里，你很少考虑自己，却很关注宝宝的各个方面：
• 宝宝是否有视觉障碍。
• 宝宝是否有听觉障碍。
• 宝宝是否看上去有些“懒散”。

其实，解除上面的这些担忧很容易，你可以自行对宝宝进行一些测试。

在宝宝降生的第一个月：
• 当他在距离 20~25 厘米的地方看见你的脸时，他就会露出微笑。
• 当他听到声响，会先转动眼睛，稍后转动头部。揉搓纸巾是不错的测试，摇小铃铛也可以。
• 当你拽住他的双臂，试图拉起躺着的宝宝时，他的头应该开始不再向后仰（见游戏 37“新生儿的舞步”）。

如果你对上面的任何一项测试结果持有疑问，应该及时咨询健康顾问或医生。

男孩和女孩的成长过程是否不同?

男孩和女孩在生理方面天生就有所不同，所以他们的生长和发育过程也有所不同。如果你能意识到这一点，就会在关注宝宝长处的同时，也能在他劣势的方面给予积极鼓励。

我之所以提出这种差异，并非想说某一性别优越于另一性别，而是想让你对宝宝成长的原因有更深入的认识。了解男孩和女孩之间的差异，能够提醒你在宝宝成长特别需要帮助的方面给予足够的时间和关注。

比起男孩来，女孩有两大先天优势：

语言

女孩左脑的语言中枢要比男孩的更发达，所以，一般而言，女孩比男孩能够更快地掌握同语言相关的成长技能。

对情绪的理解

女宝宝在降生的时候，左右大脑就已经具备了先天的连接关系（而男宝宝需要到9个月大的时候才具备这种能力），这样一来，女宝宝在情绪的处理上会更为平和，并且对周围事物也更为敏感。

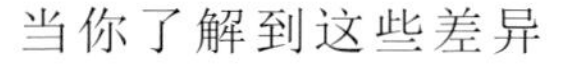

怎样帮助宝宝

当你了解到这些差异后，如果你有了一个男孩，你就能够帮助他们克服一些潜在的困难。

说话

- 你应该尽可能多地和宝宝讲话，而且要讲得十分清晰。
- 多给宝宝唱歌。
- 多做拍手和其他带动作的游戏。
- 多给宝宝放古典音乐。

情绪

- 尽量多与宝宝进行肌肤接触。
- 多用奖励的办法来强调宝宝的成功。
- 及时处理宝宝出现的生气、恐惧和沮丧等情绪问题。
- 当宝宝需要安慰或者当他哭泣时，应该将男孩和女孩同等对待。不能因为他是男孩，就期待他压抑自己的情绪，这种想法不可取。

其他方面的差异

- 当宝宝还在子宫里的时候，决定智力的大脑皮层的发育，女宝宝要早于男宝宝。
- 在控制思维的左侧大脑皮层的发育上，女宝宝要比男宝宝早。
- 女宝宝左右脑连接发育得更早，也更完善，所以她们往往在阅读能力上更占优势，因为这种本领必须有赖于双侧大脑的支持。
- 从一开始，男孩在空间思维方面就优于女孩，所以，女孩在理解三维概念上需要获得更多帮助。
- 在学龄儿童中，男孩通常在跑步、跳远和投掷方面强于女孩。

帮助宝宝学习

宝宝天生就具有求生的本能。正因为这是所有宝宝的共性，所以你可以利用这一点来帮助宝宝进行学习。

- 宝宝天生就会对人的脸庞**感兴趣并微笑**，而且能够在距离20~25厘米时看见你。因此，宝宝生下来就会微笑，并学着友好地与人相处。
- 宝宝**天生能够听到声音并且愿意同人交流**，因此，如果你在距离20~25厘米处对着他讲话，他将会用口型来回应你。

理解一些十分抽象的概念，对于我们成年人来说不是难事，但对于新生儿来说，却需要他们具备相当高的智商。帮助和鼓励宝宝发育的最好途径就是激发他自身的感觉——视觉、听觉、触觉、嗅觉和味觉——因为在宝宝能够独立行走之前，他正是通过这些感觉来探究这个世界。

理解反义词

如果单纯将“热”的意思解释给宝宝听，他会很难理解“热”的真正含义。但如果把词语**相反**的意思也讲给宝宝，他就容易理解得多了。因此，在描述某些概念，比如“热”的时候，你可以尝试将其与反义词“凉”作为对比来解释。

举一些反义词例子：

质地 = **硬和软**
味道 = **甜和酸**
边缘 = **利和钝**
尺寸 = **长和短**

之所以要这样做，是因为宝宝在婴幼儿时期很难理解事物之间的差别。利用对比的方法，可以使事物间的差别变得更为直观，这样，对宝宝来说理解起来就容易得多。例如，在解释完“**热**”的意思后，马上让宝宝感觉一下“**凉**”的东西，并且确保你同时使用到“热”和“凉”两个词。同时加入一些示范性的动作，比如解释“热”的时候吹吹手指，而说到“凉”的时候则做出颤抖的样子（一定注意，不要让宝宝接触烫的东西）。

认知

宝宝跟成年人一样，也是通过不断的重复进行学习，因此，你可以通过一遍遍地重复事物的某些“定义性特征”来帮助宝宝学习。这将促进宝宝的识别能力——一项复杂的智力技能。例如，每当你看到一只猫的时候，就描述它的一些“定义性特征”：四条腿、胡须、长尾巴、皮毛、尖耳朵、会“喵、喵”叫、能跳得很高等。再比如，鸟类的“定义性特征”包括：羽毛、喙、翅膀、两条腿和能飞等。

不断地重复事物的“定义性特征”，不仅有助于这些事物在宝宝的头脑中固化下来，而且也能帮助宝宝从每天见到的大量事物中将它们区分出来。当宝宝快10个月大时，他就会知道你的宠物猫、他的玩具猫和图片上的猫都是“猫”，并且能认识到你的宠物猫是真的猫，而其他的只是象征性的猫。这可是一个非常复杂的过程！

分辨相似与不同

宝宝之所以能够理解事物的这些“定义性的特征”，得益于他对相似与不同的辨别能力。找出相似的图形或物体，并且能够辨别事物间的**相似**和**不同**之处，是智力发展的重要一步，然而宝宝却出人意料地善于此道，并且这方面的发展从他很小的时候就开始了。宝宝在 4 个月大的时候，就能分辨图片上不同的形状。这个时候，你可以用游戏 9“测试宝宝的智力”来测验一下宝宝。你会发现宝宝不仅可以区分图片的**形状**，甚至能够区分图片的**大小**。

在分辨异同的下一个阶段里，你可以通过演示一些三维道具，来帮助宝宝更好地分辨异同。例如：圆形的物体可以**滚动**，而方形的却不行。当你能够扶着宝宝让他站起来的时候（2~3 个月大），将一个气球朝他滚过去，并且告诉他“气球是**圆的**，所以可以**滚动**”。然后，找一个软的方形物重复上述的动作，并且告诉他“这是个方形的，所以不能滚动”。刚开始的时候，宝宝当然是听不懂的，但随着你不断地对他强化这一概念，最终这两者的差别就能够在宝宝的头脑里固化下来。

之后，可以让宝宝开始做一些图形拟合的游戏（见游戏 12“搭积木”），然后过渡到解决一些简单的问题。你还可以利用家里的日常用品给宝宝做演示，比如平底锅、烤盘或者酸奶罐等。

暗示和信号

需要提醒的是，千万不要去强迫宝宝。正确的方法应该是当宝宝向你传达出“他已经准备好”的时候，你按照他的节奏逐渐推进并给予鼓励。观察宝宝的准备情况，并非如你想象的那样困难；他会给你**暗示**和**信号**来表达他的意愿。例如：

- 宝宝 2 周左右大时，他会在趴着的时候试图把头抬起一些，这就暗示他已经准备好，可以进行一些增强颈部机能的游戏了（见游戏 37“新生婴儿的舞步”）。
- 宝宝 5 个月大时，他会朝你咂嘴巴，这就提醒你可以开始那些模仿声音的游戏了（见游戏 47“吹气和吹口哨”）。
- 宝宝 9 个月大时，他可以用手指指示东西了，这样可以让他指出书本上的东西（见游戏 14“进一步认识图书”）。
- 宝宝 10 个月大时，他开始试图抓着东西站立起来，这就说明他在准备走路了，因此你应该准备一些小家具，帮助宝宝完成他的“漫步”（见游戏 19“穿越障碍”）。

描述和示范

宝宝需要大人的描述和示范来帮助理解，他还喜欢听你不停地跟他讲话：你正在做什么，现在发生了什么。所以，从宝宝降生的那一刻起，你就要开始和他讲话，并且要一直保持下去。如果一个单词或者一个解释是在说明一种动作，你应该尽可能地做出示范。“这朵花**好香**哦”（你要做出闻一闻的动作）；“我们**轻轻地**摸一下小狗”（你要做出抚摸的动作）；“我们**悄悄地**关上门”（你要起身去关门，为宝宝做出示范）。如上所述，在本书中我建议你应该为宝宝多做描述和示范。这里强调要多同宝宝讲话，是因为这种讲话还具有另外一层重要意义，它能够帮助宝宝学习说话——这是人类拥有的各项技能中最复杂的一种。宝宝掌握说话的能力实在是令人惊奇的，因为这种能力不仅需要能倾听别

人的讲话，还要有能力重复这些讲话内容并理解其中蕴含的意思。因此，对宝宝讲话绝不是对牛弹琴，这是培养宝宝与人沟通和发展语言能力的关键。

将情感付诸行动

对婴幼儿来说，比起单纯的言语，通过动作，他们更容易接受信息。这个阶段一般会持续到6岁甚至更长。宝宝喜欢你表现出你的情感，所以你应该尽可能地为你的言语配上动作和表情，甚至可以**夸张**一些，尤其是愉快和喜悦的表情。

因此，要尽可能地**表演**，要夸张地、生动地，甚至更具戏剧性地。在可能的情况下，要经常给予宝宝笑声和拥抱，并且尽量多地保持与宝宝的目光接触，尤其在他很小的时候。

情绪控制

“情绪控制”意味着能够把控住情绪，不让它们失去控制。很重要的一点就是能够通过对情绪有效的调整，达到控制强烈情感的目的。

• 宝宝会从你的身上学习到如何进行“**情绪控制**”。

• 如果宝宝不能在出生的第一年学习“**情绪控制**”，将来再掌握将会非常困难。

宝宝学会“情绪控制”是非常重要的。没有这种控制能力，孩子将很难承受那些成长过程中遇到的困难或是实现愿望时遇到的阻碍。换言之，他将会变得“情绪失控”。而“情绪失控”的典型后果表现为学龄前儿童的以强凌弱，甚至在家里和幼儿园里表现出破坏倾向。

学会“情绪控制”

其实，对宝宝进行早期关于“情绪控制”的教育并不困难。在任何情况下，需要遵循三个简单的步骤：

• 理解宝宝的情绪。当宝宝跌倒时，告诉他：“我知道你很疼”，或者当他受到挫折而生气的时候，告诉他：“这件事情的确让人恼火”。

• 缓和宝宝的情绪。对他说：“妈妈亲一下就不疼了”，或者：“你知道吗？爸爸对这件事也很恼火”。

• 转移宝宝的情绪。要用建议的口吻对宝宝说：“如果觉得不疼了，我们就出去玩儿吧”，或者：“忘了那件事，让我们拥抱一下吧”。

“是”和“不”

宝宝3个月大的时候，就能够理解“是”和“不”之间的区别了，因为他很快就会发觉，“不”意味着他从你那里所能获得的所有积极态度将完全消失，诸如微笑、目光接触、拥抱、喜悦、爱护和赞同等——这些情感正是你对他关切的表露。

宝宝对“**不**”的含义的学习，其实就是学会理解你对他的行为的暂时不认可，而你对其行为的认可却是宝宝最想要得到的。另外，了解“**不**”的含义也是理解纪律和约束的第一阶段，学习接受“**不**”则是学习自我控制的第一步。改变说话的语调，即使是细微的语调改变也能够成为你对宝宝某种行为否定的信号，这样做非常有必要。因此，当你对宝宝说“**不**”的时候，只需把语调由慈爱转为严肃，让宝宝意识到“**不**”代表了否定，下次他能避免。

当宝宝对你的“不”做出积极回应，你应该给他一个拥抱作为奖励。在你说“**是**”的时候应该微笑着点头，“**是**”代表了你对宝宝行为的称赞和认可。通过你的言行，让宝宝容易地辨别“**是**”和“**不**”的区别。

游戏的黄金时间

我们绝不能低估**游戏**对于幼儿和儿童的**重要性**——这是一切**学习的基础**。即便是新生儿也能从游戏中获益。宝宝最初的，也是**最好的玩伴儿就是你们**——父母。宝宝最愿意对你做出反应，而且，对于宝宝来说，你就是他安全和快乐成长的基础。在书中，我设计了“**黄金时间游戏**”，配合着宝宝的成长，每个月为你和宝宝提供**每天一小时的游戏内容**。

什么是“黄金时间”？

简单来说，“黄金时间”就是加入了各种游戏内容的一个小时的时间。这些供参考的游戏内容涵盖了宝宝成长的主要方面，因此，它就像海浪一样按步骤向前推进，没有哪个环节会被疏忽掉。

在宝宝成长的过程中，有时某一方面的发展速度会偶尔超过其他方面。为顺应这种现象，每个月的“黄金时间”在内容分配上会有所不同，以便为那些处于成长活跃期的宝宝提供更充裕的时间。

“黄金时间”怎样提供帮助?

“黄金时间”的要点在于你要保证每天给予宝宝一小时一心一意的关注，在这一小时中，你要把全部的注意力都集中在宝宝身上，让宝宝感到他是整个舞台的中心。我设计的“黄金时间游戏”就是为了便于你找出时间，同宝宝进行亲子互动。

这有利于你和宝宝建立起亲密关系。宝宝通过你来拓宽眼界，变得自信并相信自己有能力不断进步。这是一个双赢的局面：你享受着和宝宝在一起的时光，同时，宝宝从你身上不断地学习。

玩具和工具

只要时机恰当，任何物品，哪怕只是一个酸奶罐，在宝宝手里都能成为一个有趣儿的玩具。某些玩具在宝宝特定的发育期会起到更明显的促进作用。

镜子：宝宝一出生，就可以将一面小镜子系在他的小床上。这样，宝宝可以看到自己在镜中的影像，这有助于加强宝宝双眼的协调性，并强化他对人脸的反应。大一点儿的宝宝喜欢看自己和你的脸在镜中的影像。

手机：对于新生儿，一部挂在距离他 20~25 厘米处的手机有利于促进他双眼视力的发育。

积木：教会宝宝触摸、紧握和搭放等技能。

拨浪鼓：当宝宝摇晃拨浪鼓时，他将发现有声音发出来。这可以帮助宝宝学习因果关系。

音乐和童谣：古典音乐有助于宝宝数学和逻辑思维的形成，还利于语言能力的发展。童谣和拍手游戏促使宝宝与人交流，教会他友善。

图书和故事：尽早让宝宝接触图书，并给他讲书中的故事——你可以把一本布面书放到宝宝的小床上。

运用“黄金时间”

接下来的内容将帮助你，在宝宝发育的五个主要方面，引导他逐月成长。在每一阶段，都针对性地给出了适合这五个方面成长发育的游戏。在每一年龄阶段描述的最后，都有两项游戏的介绍，后面还附加了更多的按号码顺序排列的游戏。“黄金时间表”大致给出了你在每一方面需要花费的时间。另外，还有对所使用玩具的建议，当然你也可以发挥自己的创意。

灵活使用

“黄金时间”的使用可以非常灵活，并非是硬性规定。书中，我编排了60分钟的游戏内容，你不必非要挤在1小时内全部完成。你可以自己安排时间，把1小时的游戏内容分割成若干个10分钟或15分钟的游戏内容。但是，对宝宝来说，最好的方式是在一段时间内不间断地和你一起玩耍，而不是短暂的5分钟。你也可以和伴侣或家人共同分享这1个小时，分别与宝宝完成不同的游戏内容。

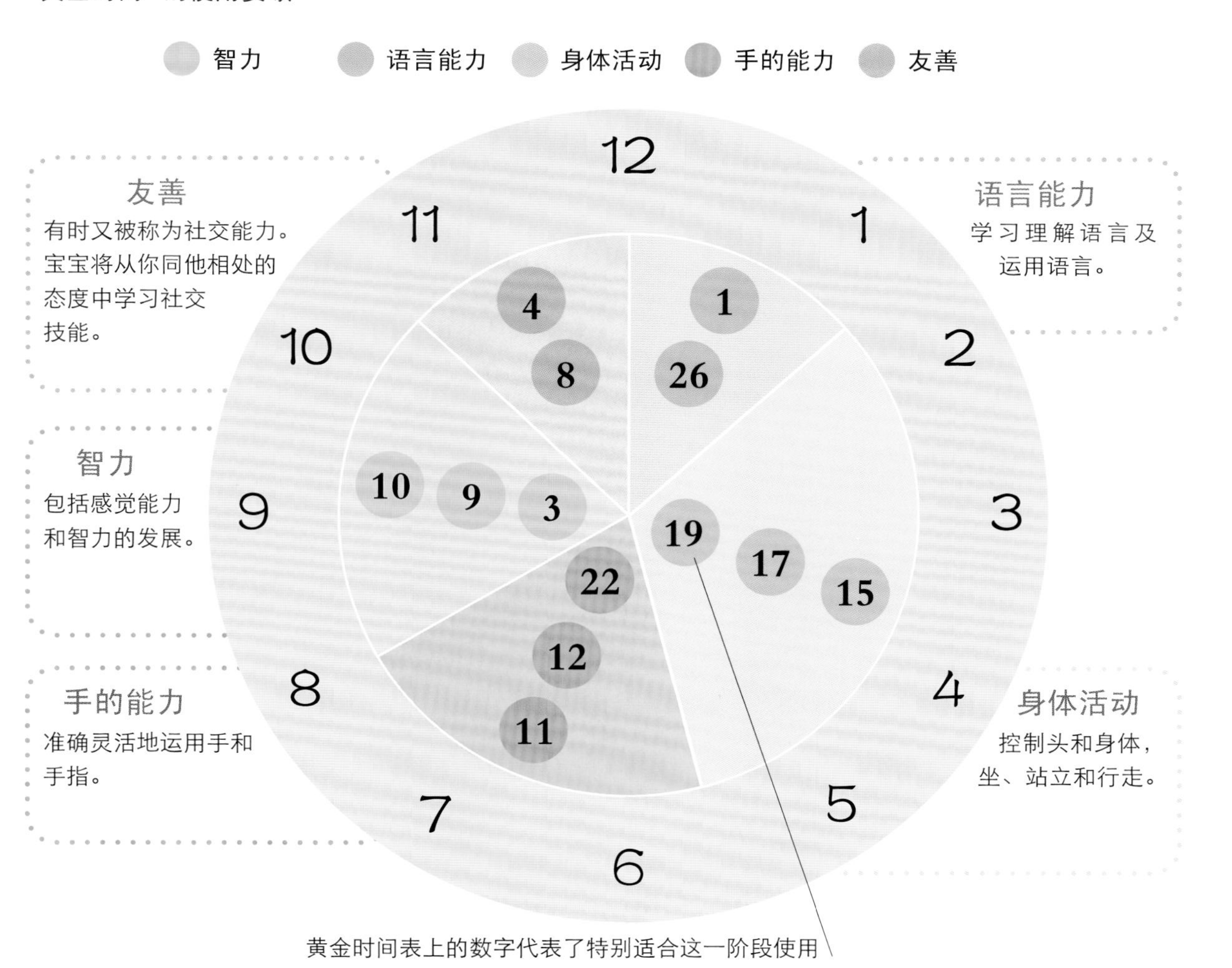

黄金时间表上的数字代表了特别适合这一阶段使用的游戏的代码。这些数字是每一类中的一些例子。

同宝宝度过

下图列举了宝宝的各项主要技能。尽管每个宝宝的技能时间表不尽相同，但此图可以帮助你了解宝宝掌握各项技能的大致时间。每当宝宝掌握一项新技能，他就到达了一个成长“里程碑”。

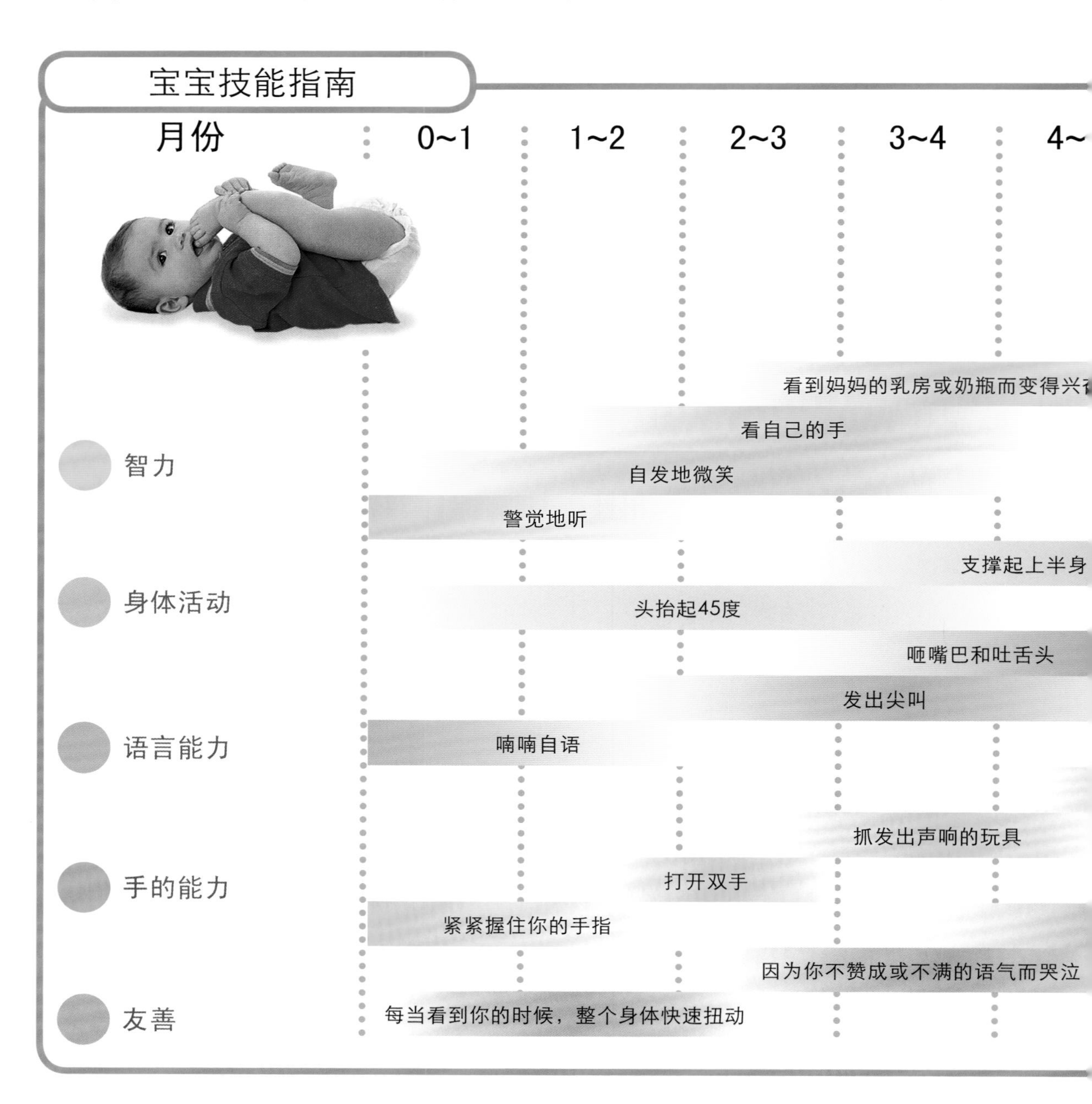

的每个月

要记住，宝宝必须逐一地掌握这些技能，不能是跳跃式地。所以，如果你能适时地与宝宝做一些能激发他某项技能的游戏，就能给宝宝提供足够的帮助。“游戏的**黄金时间**”将有助于你做到这一点。

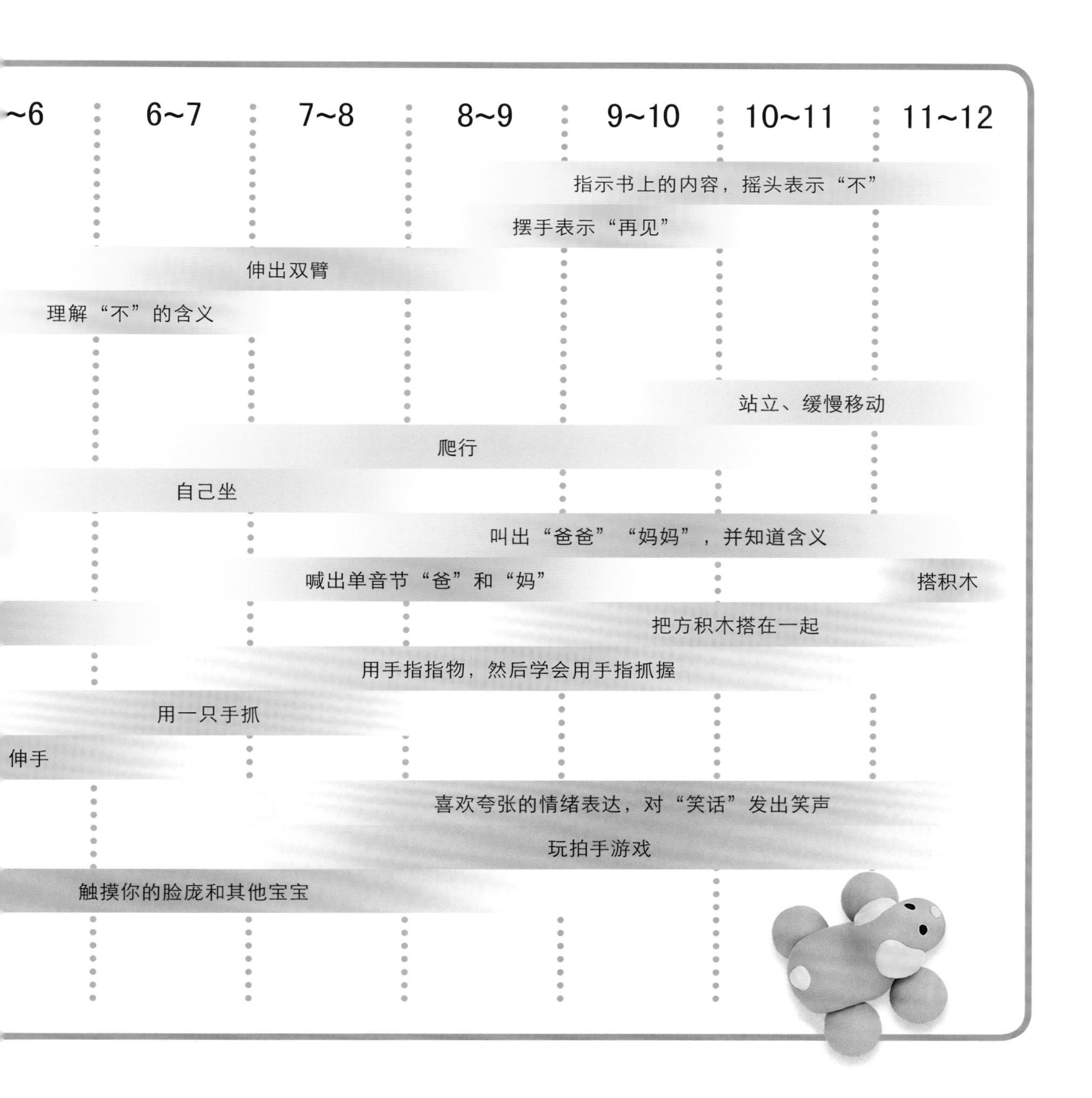

0~1 个月

你现在一定在为宝宝的降生而兴奋。不过，像大多数新手父母一样，面对着这样一个看上去弱不禁风的小生命，你也许会为如何照顾好他而感到紧张。其实，从一出生：

- 你的宝宝就是一个具有多方面的能力且发育程度较高的人。
- 你的宝宝比你想象的要强壮得多，并具备强烈的求生本能。

宝宝与生俱来的能力

尽管小宝宝在生理上还必须依靠他人帮助，但是他已拥有很多令人吃惊的**先天技能**。你的宝宝 • **对交流非常兴奋** • 当你对他讲话时，他会**自发地模仿**你的表情和音调 • 能够看清 **20~25 厘米**距离内的事物，在这个范围内非常渴望对你的脸做出回应 • 在 20~25 厘米距离内能够**"读出"你的情绪**，如果看到你朝他微笑，他也许还会冲你微笑 • 能清晰地听到你的声音，并能**辨认出你的声音** • 如果你在 20~25 厘米距离内和宝宝讲话，他还会**用"口型"回应你**。

恭喜你！漫长的等待终于结束，现在宝宝就在你的面前了。不过千万不要误以为在这个阶段宝宝能做的只是睡和吃……

智力

宝宝从降生的一刻就具备了“**理解能力**”——不要认为他是没有意识的。在宝宝出生的第一个月，你可以绘制一幅图表来记录他的进步。例如：

第1天，他听到你的声音会**平静**——变得安静和警惕，身体停止活动，全神贯注地倾听。

第3天，他对你的讲话有了**反应**，他凝视的目光变得更专注。

第5天，他的目光可以跟随距离他20~25厘米范围内的活动物体，他会充满兴致地**注视**你的一张一合的嘴唇或抖动的手指。

第9天，他能够把**目光投向**发出较高音调的地方，这说明他可以听到你的讲话。宝宝对**高音调**反应比低音调更灵敏。

第14天，他能够从一群人里分辨出你的声音。

第18天，他**把头转向**声源。

第28天，他正在学习如何**表达**和**控制**情绪，并且能够根据你的声音调整自己的行为。例如，如果你的语气重或者声调高，宝宝会觉得不安；如果你的语气舒缓，宝宝就会平静。

新生儿原始反射

出于求生本能，宝宝一降生就具备了一系列的生存反射现象。在宝宝3个月大时，这些反射将会逐渐消失，否则会造成宝宝身体发育的延后及新技能学习的停滞。

- **握持反射**

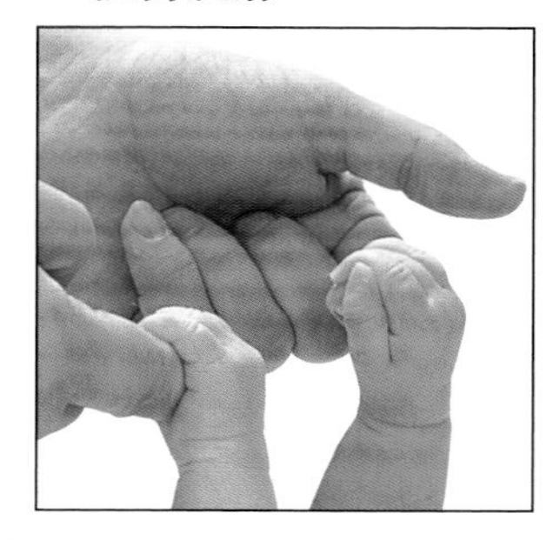

当你把手指放在宝宝的掌心，他会紧紧攥住你的手指，这时如果你轻轻上提，甚至能将躺着的宝宝提起来。

- **觅食反射**

如果你用手指轻柔地、有节奏地触碰宝宝的脸颊，他会将脸转向你的手，还会像觅食一样地做出拱乳头的动作。

- **踏步反射**

竖抱着宝宝，让他的脚接触到一个平面，他会做出原始的踏步动作。如果你让宝宝的一条腿碰到桌子的边缘，他会本能地抬高那条腿。

- **惊吓反射**

如果宝宝感觉到他要跌倒，或受到惊吓，他就会张开双臂和双腿。通常认为，这种本能源自我们生活在森林里的先祖，他们在跌落时会用这个姿势做缓冲。

身体活动

在这一阶段，如果力量不足，就会制约宝宝的身体活动，但从宝宝出生伊始，他就已经开始要**锻炼自己的肌肉**了。

• 宝宝能轻轻地移动身体并调整姿势——当他躺着，他会稍稍**抬起**双腿并**弯曲**膝盖。

• 躺着的时候，宝宝会把头偏向他喜欢的一侧；趴着的时候，他会试图**把头稍微抬起** 1 秒钟。这个动作对宝宝来说已经相当不容易了，因为相比起他现在背部和颈部的肌肉，他的头实在太重了，所以，做到这一点还需要几周的时间——宝宝头的重量大约占他全部体重的 1/4。

• 当被竖抱时，他会晃动和扭动身体，还能做出**踩**和**踏**的动作。

• 躺着的时候，他还是会保持双腿弯曲的状态，就像在妈妈的子宫里一样。

• 当他被抱着靠在你的肩膀上时，他会猛地**把头抬起**，做向上的动作。

手的能力

宝宝出生后需要过一段时间，才能意识到他的手也是身体的一部分，并且他可以支配这双手的活动——出生后至少三周，他的手指都将保持紧握的状态。只有等到这种“握持反射”（见 15 页）消失以后，他的双手才会放松并尝试张开。同时，他的手也能紧紧地抓住你的手指，甚至在他睡觉的时候。

语言能力

宝宝天生对声音敏感，天生就是一位健谈者。

• 宝宝刚出生就能够对你的讲话做出**反应**。如果你很生动地跟他说话，并同他的脸保持 20~25 厘米的距离，宝宝就会通过嘴唇和舌头“嘟嘟囔囔”地回答你，样子就像鱼儿在进食一样。

• 出生 2 周开始，他可以发出**不太清晰的声音**。

• 出生 3 周开始，他可以嘟哝出婴儿版“**词汇**”。

• 出生 4 周开始，他能够了解到谈话中的问答更换，并且知道当你跟他讲话时，他该如何回应你。一开始，让宝宝**主导你们之间的对话**，你来配合他。

友善

宝宝天生友好，同时渴望人陪伴，因此他：

• 从一出生就非常愿意回应你，也会很专注地**听**与**看**。

• 用很多动作来表达这种意愿：来回摆动身体、嘴巴嘟哝、伸舌头、点头、扭动、伸出双手并展开手指。

• 从刚一出生，当他看到你在距离他 20~25 厘米的地方和他说话、微笑时，他也特别喜欢**冲你微笑**。

• 渴望**眼神交流**和**肌肤接触**，特别是在他吃东西的时候。

• 能够正确调动脸部肌肉产生微笑或者痛苦的表情，向你传达他的**情绪变化**。例如，当他听到刺耳的声响时会显得很**不安**。

第一个月的“黄金时间”

智力　语言能力　身体活动　手的能力　友善

如何使用“黄金时间”见10~11页

虽然新生宝宝的大部分时间都花在吃和睡上，但你可以利用他醒着的时间，激发他与生俱来的交流愿望，让他和你一起游戏。

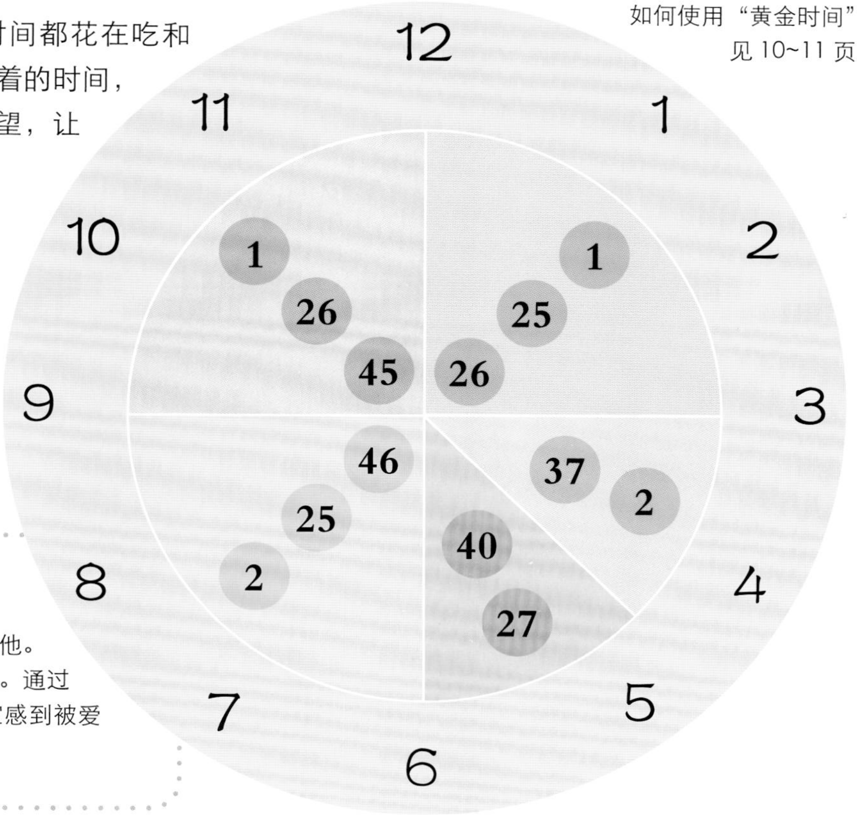

“不停地和宝宝说话”

12　1　2　3　4　5　6　7　8　9　10　11

1　26　45　1　25　26　46　25　2　37　2　40　27

友善

每当宝宝醒来的时候都要**拥抱**他。
尽可能多地给予宝宝肌肤接触。通过你轻柔的爱抚和按摩，让宝宝感到被爱和安全。

语言能力

从宝宝出生的一刻就**开始和他说话**，不要间断。一遍遍地叫他的名字（同时，观察他眼睛做出的反应）。

智力

给宝宝放一些**古典音乐**。同时，轻轻地抚摩宝宝，鼓励他倾听、发出声音。之后，还可以加进一些数字。
适合的道具：音乐磁带/CD

身体活动

慢慢地**给宝宝伸展肢体**，帮他伸直躯体。此外，还可以给宝宝按摩，因为这可以提高他的感知力并让他更加舒展。

手的能力

让宝宝用他的手和手指去玩耍和游戏，将有助于鼓励他打开拳头。
适合的道具：**有触感和较软的玩具**

1 与新生宝宝交谈

与新生宝宝交谈绝不是一件毫无意义的事情！在“宝宝技能指南”里，这是宝宝学习说话的**第一步**。如果你能够**集中注意力**和宝宝交谈，并让你们的视线保持在20~25厘米的话，这将促成宝宝许多其他技能的形成，特别是**模仿能力**，这也是宝宝**最有力的学习工具**。所以，从宝宝一出生，就应该开始和他说话。

技能培养

通过与新生宝宝交谈，可以帮助宝宝培养以下技能：• 谈话和与人交流的能力 • 听力 • 视力 • 变得友善 • 建立关系 • 理解你的心情 • 控制情绪 • 模仿能力

对视

抱着宝宝，让你们的脸保持在20~25厘米的距离。看着他的眼睛，冲他说话、微笑或轻轻摇头来吸引他的注意。这时，宝宝会开始“嘟嘟囔囔”（好像鱼儿一样地张嘴和闭嘴）或者吐舌头——这说明他正在模仿你面部的动作并且试图回应你。如果你看到宝宝做出了这样的回应，就应该积极地鼓励他，并且停顿一下，以便给宝宝留出双向交流的时间。

叫名字

把宝宝抱在臂弯里，让你们的脸保持在20~25厘米的距离。一遍遍地叫他的名字，直到引起他的注意。然后，用兴奋和喜悦的语气反复对他说：“好孩子！”

扮鬼脸

抱起宝宝，用恰当的面部表情和语言来表达各种情感。需要注意的是，要不断地为你的面部表情做出解释。比如：“妈妈很高兴，所以在大笑”（大笑）；“妈妈很困惑，所以皱眉头”（皱眉头）。

观察与学习

把一面不易打碎的镜子放在宝宝小床的一侧，让他能看到自己的脸。同时，在旁边挂一幅你或其他家庭成员的照片。

2 观察活动的物体

一个距离宝宝眼睛 20~25 厘米处的运动物体可以帮助宝宝锻炼视力。虽然他的眼睛还不能聚焦在某一点，但他已经可以看到这个物体了。如果一个物体是活动的，而且是闪闪发亮的，宝宝会**移动视线**，试图将它留在自己的视野范围内。通过这个游戏，可以锻炼宝宝眼部肌肉，帮助宝宝学习协调双眼，同时，还可以让宝宝**活动头部**。

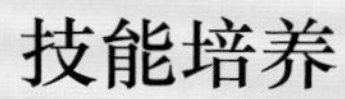

技能培养

通过让新生宝宝观察活动的物体，可以帮助宝宝培养以下技能：• 双眼跟踪能力（眼睛外部肌肉）• 聚焦能力（眼睛内部肌肉）• 把头转向发出声音的地方或活动的物体 • 理解力 • 视力 • 颈部力量的加强

练习聚焦

在宝宝平躺的时候，将一部闪亮的手机或者一个玩具拴在绳子上，放到距离宝宝眼睛 20~25 厘米的地方。轻轻地上下左右摇动这个物体，同时嘴里叫着宝宝的名字。当宝宝把视线聚焦到物体上时，要及时表扬他。

找手指

在距离宝宝眼睛 20~25 厘米的地方轻轻地晃动你的手指，同时嘴里叫着他的名字。如果他注意到你的手指，及时表扬并告诉他，他是个聪明的孩子。

跟踪手指

晃动你的手指，慢慢地把手移到一侧，同时喊宝宝的名字，如果他试图让眼睛跟随你的手指，记得告诉他，他是个聪明的孩子！然后重复上面的动作，把手再移到另外一侧。

0~2 个月　✓智力　语言能力　✓身体活动　 手的能力　 友善

1~2个月

尽管宝宝的个头儿仍然很小，但是他的身体正一天天地强壮，他正在成长为真正意义上的人。在这个月里：

- 宝宝的新生儿反射将逐渐消失。
- 开始显露出他逐渐成熟的个性。
- 开始用自发的微笑回报你的关爱。

眼神交流

新生儿喜欢被**拥抱**和呵护，要在你的关爱下才能茁壮成长。所以，你要经常与宝宝**进行眼神交流**。你要面向他，你们的脸要保持在20~25厘米的距离，要用**唱歌一样的音调**同他说话。来回摆动你的头，鼓励他用嘟嘟囔囔的口型来与你交谈。

在这个月里，宝宝醒着的时间会更长，在他表现活跃的时候，你就应该注意了——这正是宝宝游戏和学习的时机。

手的能力

宝宝很快将会被他的双手所吸引。作为准备：

- 到第二个月末，宝宝的握持反射将完全消失，这时他的手指几乎不再攥成一个拳头——大多数的时间，宝宝的手指都是打开着的，准备好把想要的东西**握在手中**。
- 宝宝越来越意识到**手指**的存在，到第二个月末，他将开始专心地**研究**它们。
- 宝宝有着相当敏感的指尖，并且喜欢被你握、**挠**或**按摩**。
- 宝宝会试图挥臂击打一个伸到他面前的玩具，可是在这个阶段他还不能瞄准目标。因为，尽管他的手臂移动变得较有目的性，但他判断目标与手掌之间距离的能力（即所谓的“**手眼协调能力**”）还是很差，此外，他的肌肉控制能力也不是很强。

语言能力

宝宝天生具有与人交流的欲望。他的语言能力表现如下：

- 当你和宝宝说话的时候，他会用**喉咙发出的声音**来回应你。
- 爸爸妈妈，尤其是妈妈，在与宝宝说话时，往往会不自觉地采用高音调、唱歌一样的声音。这时候，宝宝的**听觉会特别习惯这种说话声音**。
- 当你和他说话说得起劲儿时，宝宝会扭动他的全身，并试图朝你**吐舌头**（发出“嘟嘟囔囔”的声音）。
- 他开始能发出简单的元音，诸如“哎”、“啊”、“呜”和“哦”的声音。
- 如果你和宝宝的脸保持在 20~25 厘米的距离，看着他的眼睛和他说话，宝宝很快就会**加入**“交谈”。

身体活动

在宝宝醒着的时候，通过不断的练习来增强其肌肉力量。这个阶段：

- 宝宝在趴着的时候，会试图**抬起头**，呈 45° 角，并且能坚持 1~2 秒钟——这表明宝宝的颈部肌肉正逐渐强壮。
- 当宝宝躺着的时候，如果你轻轻拽起他的双臂，他在很短的时间内能够**支撑起头部**，并和身体保持成一条直线。
- 到了第二个月末，如果你用手托住宝宝的前胸部位，让他直立的话，他的**头部也可以直立保持几秒钟**。
- 宝宝将从原来的胎儿姿势完全舒展开，他的双腿**能将他的身体支撑**一会儿。

智力

宝宝对他周围的事物越来越感兴趣，很快：

• 他会知道你是谁，并**能认出你**。他非常希望见到你，见到你时会高兴得扭动身体、挥臂、踢腿。

• 通常在大约 6 周的时候，当他的眼睛能聚焦在某一点时，他会**欣然地露出微笑**。

• 宝宝开始**观察他周围发生的事情**，如果他靠在沙发靠背或者摇椅里，将会**用眼睛跟踪声音或物体运动的方向**。

• 他会目不转睛地盯着其感兴趣的事物，尽管这时候他只能用眼睛“**抓**”。

友善

宝宝变得更**喜欢同人交流**，他：

• 在吃过奶之后会醒很长时间，而且喜欢观察你在做什么。

• 如果不喜欢某件事情或者什么事情让他觉得**不安**，他会让你了解。

• **能辨认出**你的声音，并且能**发出声音**回应你。

• 离着很远就开始露出微笑，这是他**表达**高兴的一种方式。

• 是一个天生的**模仿者**，他会密切观察并模仿你的举动，所以你所有的姿势和手势最好都夸张一些，向宝宝显示你们的关系是建立在幽默、亲切、平和与爱的基础之上。

• 喜欢一切**用肢体行动表达的爱意**，所以，要抓住一切机会多拥抱宝宝。

“我喜欢更多的……
**拥抱，
爱，
微笑**”

回应宝宝

当宝宝表现出他需要你的时候，你应该**伸出双臂**，叫着他的名字，让他知道你来了。一些身体语言，比如伸出双臂，可以**作为言语的提前表达**。这样一来，即使没有话语，但这种对宝宝的积极回应也可以让他知道你了解他的需要。

第二个月的“黄金时间”

智力　语言能力　身体活动　手的能力　友善

宝宝的大脑正快速发育，因此这个月发育的重点是智力。智力的发展依靠立体视觉的获得，也就是，不管距离事物多远，他的双眼能协调一致，并可以聚焦到一点。

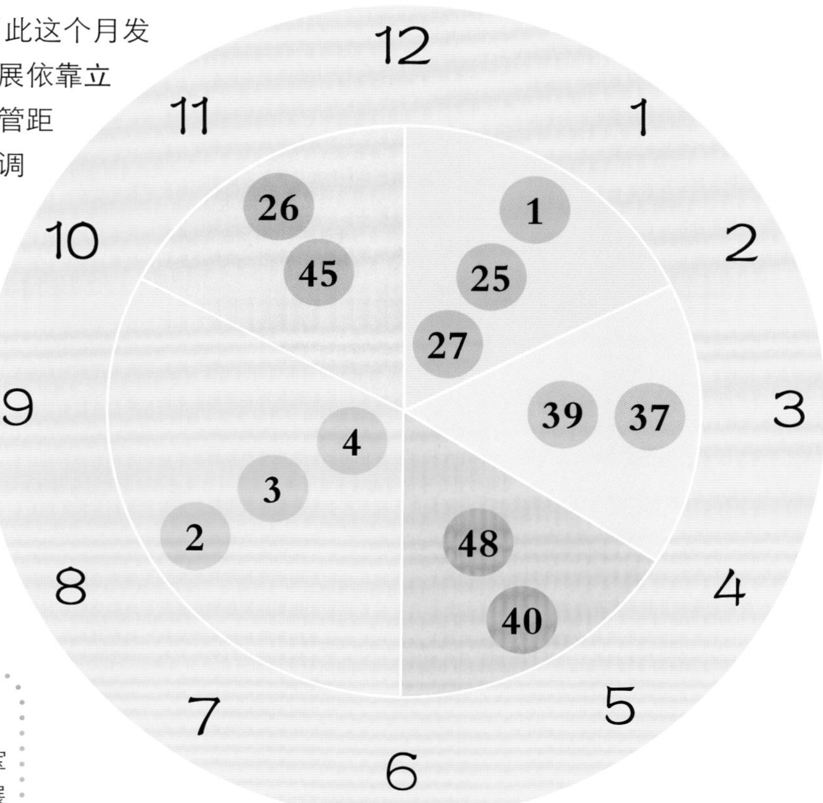

“与你的宝宝一起跳舞”

手的能力

可以通过各种触觉刺激来提升宝宝对双手的关注。例如，你可以展开宝宝的双手，去挠挠他的手心。

适合的道具：婴儿体操、有触感的块状物体

身体活动

宝宝的颈部肌肉变得更为强壮，所以，这个月可以集中做一些帮他练习控制头部的游戏。让他坐在婴儿椅里，支撑起头部；或是将他竖抱，让他靠在你的肩上。

智力

当宝宝冲你微笑时，你要用微笑回应他，并告诉他：“你很聪明！”宝宝微笑说明他很高兴，要让他知道你的心情也很好。宝宝热衷于看各种各样的事物，因此你应该确保他有足够的东西可看——经常更换家里的照片，或者把手机挂在小床的上方来吸引他的注意。

适合的道具：手机、拨浪鼓或其他发声玩具、毛绒玩具

语言能力

在这个阶段，宝宝可以发出他最初的声音了，因此你应该不时地和他交谈并做出回应。你可以用唱歌一样的声音和他说话（许多爸爸妈妈本能地会这样做），随着音乐来回摆动身体或者唱摇篮曲给他听。

适合的道具：音乐磁带 /CD

3 介绍图书

决不要低估图书作为玩具的作用。宝宝的第一本书（在他出生后 1 个月左右的时候）应该是质地柔软、没有文字的布制图书，上面有简单的图画，有鲜艳的色彩，最好摸上去有些凹凸感。对于这种书，不是默默读，而是抱着宝宝，和他一起看和说上面的内容。稍后，你可以为宝宝买一些纸板书。当宝宝快一周岁的时候，他就可以自己翻书了。

技能培养

通过给宝宝介绍图书，可以帮助宝宝培养以下技能：• 视力 • 注视力 • 专注力 • 理性思维能力 • 记忆力 • 说话 • 感性思维能力 • 友善 • 分享 • 动手能力

依偎在一起看书

让宝宝依偎在你的臂弯里，一起翻看质地柔软、色彩亮丽的布制图书，并给他讲述图画中的故事。

看和触摸

拿一本用布或厚纸板制成的书，给宝宝展示书的质地和结构。轻轻地翻动书页，鼓励宝宝去感受书的质地。当他再长大一些的时候，鼓励他自己翻书。

动物的叫声

给宝宝看带有动物图案的图书，向他描述动物的颜色以及它们正在干什么，并且模仿它们的叫声。

它们在干什么？

等宝宝稍微大一些，可以给他看有日常生活图片的书，并给他讲解书中的内容：“这是一辆车，车子开动的时候会呜呜响。我们会坐上车去超市买东西。”“这是一只风筝。它会在风中飞翔，像鸟儿一样。”

4 笑的游戏

这个游戏可以让宝宝体会到玩耍带来的**快乐和互动**，同时也可以作为**学习手段**来帮助宝宝理解一些有难度的概念。你所要做的就是轻挠宝宝的身体，快慢交替地多重复几次，当然要边做边解释，这样一来，宝宝就会产生一种期待心理。能够和宝宝一起开怀大笑实在是一件美妙的事情，因为宝宝天真的笑声简直是对父母最大的回报。

技能培养

通过笑的游戏，可以帮助宝宝培养以下技能：• 友善 • 理解“玩笑”的概念 • 安全感 • 感受力 • 笑 • 说话

快慢交替地轻挠

用手指轻轻挠挠宝宝的肚子，并且告诉他你在做什么。然后快慢交替地轻挠，并把你的动作解释给宝宝。重复做几次。

吹气游戏

在宝宝的肚皮上吹气——宝宝会喜欢那种痒痒的感觉和有趣儿的声音。然后做咂舌头的动作给宝宝看，尽可能地大点儿声。让宝宝重复你的动作。

画圈圈

轻轻地挠挠宝宝的腋下和脚心，刚开始快，然后放慢。还可以在宝宝的手心或小肚子上画圈圈。

吐舌头

和宝宝保持面对面。你伸出舌头，再缩回去，多重复几次。然后，让宝宝模仿你的动作，并和他一起做。

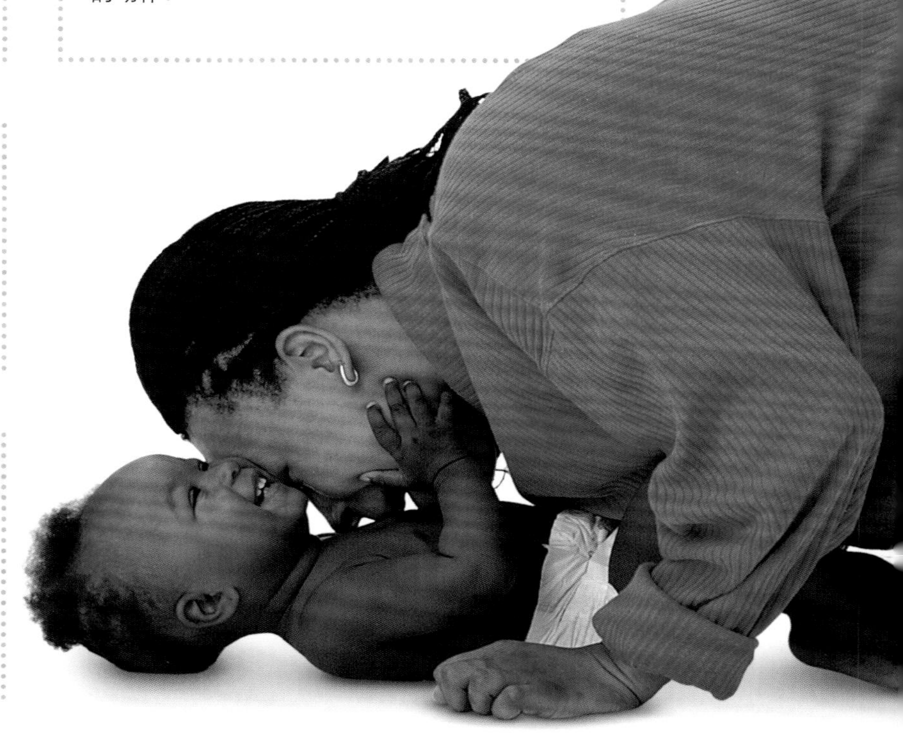

2~3 个月

从现在开始，你将注意到宝宝在成长发育中将有一个明显的加速过程。这一阶段：

- 宝宝希望和他周围的每一个人互动。
- 宝宝能够控制一部分的身体活动，同时，他的肌肉变得更加强壮。
- 他的眼睛能够聚焦在任何距离的物体上。

何时做游戏

要充分利用宝宝醒着的时间跟他一起游戏，这样能更好地建立你和宝宝的亲密关系，同时，还能培养宝宝的各种**社交技能**。现在，他能让你知道，他**最想玩**、最愿意做出回应的时间。这个时候，他希望你能加入他，并了解他的需要。但是，需要注意的是，应该**让宝宝指引你的行动**，当他看上去疲乏或暴躁的时候，**不要强迫**他做游戏。

这个月，你会看到宝宝发生更多喜人的变化。他成长得更为强壮、发出更多的声音，并且渴望成为家庭生活中更活跃的一部分。

身体活动

现在，宝宝真正开始学习如何利用和控制他的身体了。这意味着：

- 宝宝的颈部肌肉更强壮，当你给他摆好坐姿的时候，他头部后仰的情况越来越少。当他坐下的时候，**头部可以保持固定**几分钟或者可以支撑着抬起来，但是他的背部是弯曲的。
- 宝宝趴着的时候，能够**抬头**并支撑住头部，此外，他还可以在头部、手腕和手臂的协助下让**胸部离开**支撑他的平面。
- 躺着的时候，宝宝会练习**弯曲膝盖**。
- 宝宝非常享受他目前对身体的控制能力，他躺着的时候总是**踢腿**、**挥舞**手臂，正因为如此，千万不要把他放在换尿布的台子上或床上不管。

语言能力

宝宝已经发现了自己的声音，并且会利用一切机会来练习发声。为此，宝宝：

- 发出各种各样的声音来表达他的喜悦——**尖叫声**、**咯咯的笑声**、**喊叫声**和**咕咕声**等。
- 同时，还会使用身体语言，当他高兴的时候，会**兴奋地摇摆**身体。
- 他开始能在发出的元音里添辅音，第一个辅音通常是“m”，接下来是一些爆破音——你可以为他示范如何**咂舌头**。
- 不高兴的时候经常使用“p”和“b”，到他 3 个月大时，**高兴**的时候会发出更多的**喉音**，会使用“j”和“k”。

“听我……
尖叫声、咯咯的笑声、喊叫声和咕咕声”

友善

宝宝知道态度友善是值得的，因为你会用拥抱、爱、关注和温柔的语调来回应他。为确定这一点，宝宝：

- **笑得更多**，因为他知道你对他也会回应以微笑。
- 很快会**自发地用微笑**来打招呼。
- 在你说话的时候，他会将头转向你，以便能看见你，同时，他还会用**微笑**、**挥手和踢腿**等动作来表示对你的欢迎。

智力

尽管宝宝才 3 个月大，他俨然已经是一个敏锐的思考者了：

- 宝宝会被自己的身体所吸引，开始意识到他能让自己的身体活动起来——这是宝宝理解“因果关系”概念的第一步。
- 当宝宝在自己眼前活动手和手指的时候，他喜欢**盯着它们看**。
- 宝宝会**被移动的物体吸引**，他已经有足够的能力控制头部，以便用眼睛跟踪缓慢移动着的物体。如果你把一个色彩明亮的玩具放在他面前，他会花上一小会儿工夫才把目光集中在玩具上；如果你左右移动玩具，他的**眼睛能随之移动**。一到两周后，宝宝能**立刻将目光集中**到玩具上，眼睛能更容易地随玩具一起移动。
- 宝宝对周围发生的事情**非常好奇**，他会怀着极大的兴趣观察周围的一切，所以应该尽量扶着他坐起来。

“我用**微笑、挥手和踢腿**来欢迎我的兄弟”

手的能力

宝宝双手的活动更有目的性，**手眼协调能力**更强。下面这些情况都说明了这一点：

- 宝宝会用手**拉扯**自己的衣服，因为他“抓”的能力提高了。
- 宝宝会经常**研究**自己的双手，因为它们现在更有趣儿。
- 宝宝总是想要**伸出手去抓**他想要的东西。然而，尽管他能够用眼睛注视想要的东西，手却够不到——这是下个月才能形成的技能。
- 宝宝只能**抓住一个可以发出声响的玩具**坚持一到两分钟，因为他还不能自如地松开紧握的手。当玩具从手中掉下来时，宝宝并不想再抓住它。到了第三个月的时候，宝宝将开始晃动双手，会发现他可以让玩具发出声响。

第三个月的“黄金时间”

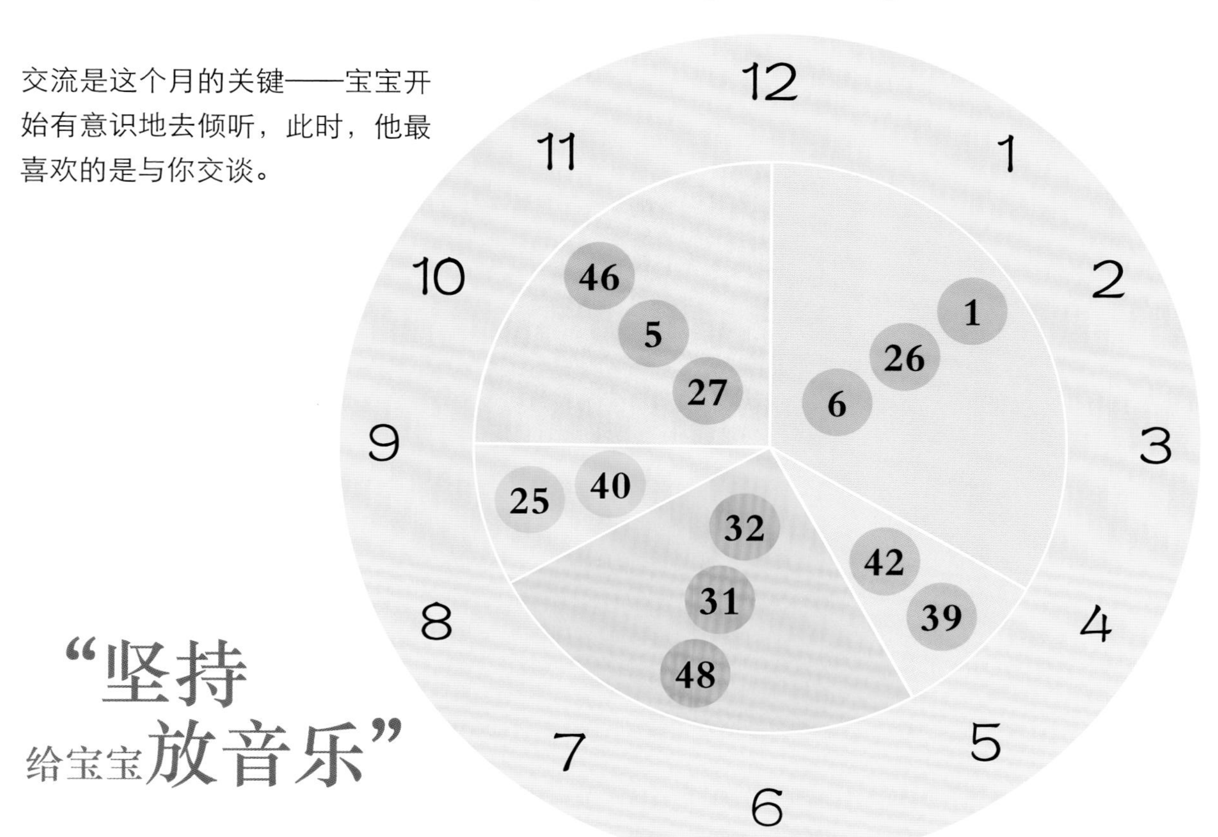

交流是这个月的关键——宝宝开始有意识地去倾听，此时，他最喜欢的是与你交谈。

“坚持给宝宝放音乐”

语言能力

对宝宝发出的各种各样的声音，你要给予回应。你应该尽可能多地和宝宝说话并保持充分的目光接触。重复宝宝发出的所有声音。

手的能力

宝宝对双手产生极大兴趣而且总愿意盯着自己的双手看，所以，可以用一些手指游戏来刺激他的手指和手心。

适合的道具：带响的玩具、各种质地的块状物体等

友善

因为宝宝开始对你的出现和缺席有所反应，所以每当你迈进房门时，都记得要给他一个大大的拥抱。

5 洗澡的乐趣

洗澡不仅是一个让宝宝的身体获得片刻放松的机会，同时也可以作为一段寓教于乐、令人激动的学习时间。洗澡时，会溅起水花、水会涌出、水会慢慢滴下，然后容器会灌满水、玩具会漂在水面上或是沉入水中，总之，澡盆就像是为宝宝提供的一个进行科学实验的实验室一样。

安全提示

切记千万不要把宝宝单独留在澡盆里，即便是他能够自己坐在里面也要特别注意。而且，最好在澡盆里放上一块防滑垫，以防宝宝滑倒。

当宝宝能够坐立之前：

弯膝踢腿	溅水花
一个大人托住宝宝的肩、头和颈部，另一个大人帮着宝宝在水中轻轻地弯曲膝盖，让宝宝练习踢腿的动作。	托住宝宝的肩、头和颈部，然后帮助他轻轻地弯曲肘部，鼓励他溅起水花，然后用柔软的海绵或绒布为宝宝做按摩。

当宝宝能够坐立以后：

小鸭子潜水	注水和放水
把几个塑料玩具鸭子放在澡盆里，并学鸭子的叫声，观察宝宝是不是模仿你。先把鸭子按入水下，然后浮出水面。	给宝宝做示范，将空塑料杯子注满水，然后倒掉。给他一些别的容器，让他练习注水、倒水。

技能培养

通过“洗澡游戏”，可以帮助宝宝培养以下技能：• 玩耍 • 战胜恐惧感 • 理解因果关系 • 头部控制能力 • 坐 • 了解概念性东西 • 想象力

2~12 个月 ✓智力 语言能力 ✓身体活动 ✓手的能力 ✓友善

6 肥皂泡泡

宝宝从 3 个月起就对玩肥皂泡泡感到欣喜和着迷，甚至可以玩上几个钟头，这个游戏将会贯穿他的整个儿童时代。肥皂泡泡游戏可以先从较安全的婴儿沐浴泡泡开始，然后可以用传统的塑料环吹出泡泡，并让宝宝试图去抓住它们。

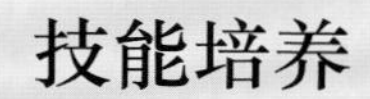

技能培养

通过“肥皂泡泡”游戏，可以帮助宝宝培养以下技能：• 说话 • 对话 • 控制呼吸 • 友善 • 实验 • 视力 • 对事物的预见力

泡泡的乐趣

在澡盆里制造出很多肥皂泡泡。捧起泡泡，轻轻地把它们吹到宝宝的肚子上。鼓励宝宝轻轻拍打这些泡泡，并观察它们漂在水面上的样子。

沾满肥皂水的手

把手弄湿，并沾满肥皂水，把你的拇指尖搭在食指尖上，形成一个环形。之后，在这个环形中抹上肥皂水，形成一层肥皂膜。提醒宝宝认真观察，然后对着肥皂膜轻轻吹，看你在肥皂膜破裂前能吹出多大泡泡。当然是越大越好，宝宝一定会非常喜欢！

抓取泡泡

买来专门用于吹泡泡的溶液，在宝宝周围吹出很多泡泡。随着宝宝抓取物品技能的增长，宝宝将会对此充满兴趣，并试图抓住进入眼帘的泡泡或者看着它们自己破裂消失。当宝宝学习用手指指示物体的时候（大约第八个月或第九个月），你可以鼓励宝宝用手指捅破肥皂泡泡。需要注意的是，你使用的溶液不会刺痛宝宝的眼睛。

3~12 个月　✓智力　✓语言能力　身体活动　手的能力　友善

3~4 个月

在这个月里，你将发现宝宝同他周围世界的关系会发生巨大的变化。这是因为：

- 宝宝白天醒着的时间会更长。
- 夜里也不像以前那样容易出现焦躁和腹痛。
- 能辨认出熟悉的面孔和地点。
- 喜欢玩笑，并将展示他已经学会笑了。

手指和脚趾

到了这个阶段，宝宝可以让**手**、**脚**做一些他想做的事情。他以为**手和脚**同样重要，因为他还不知道手可以做更多的事情。基于这一点，和他一起做**脚趾游戏**与做手指游戏是同等重要的。

宝宝对自己手和脚的迷恋将会更为明显，这实在令人高兴。然而，这可不是简单地打发时间——他正在学习有价值的课程。

身体活动

宝宝希望被抱着或者保持坐姿，这样他就可以环顾四周，参与周围的事情。对宝宝来说，现在比以前更容易做到这一点，因为：

- 宝宝**可以坐得很直**，后背不像前几个月那样弯曲着。
- 宝宝能够部分地**控制头部运动**，然而在他转动头部的时候，头还会有些不稳，所以他还需要一些支撑。
- 当宝宝趴着的时候，仅依靠张开的双臂支撑身体，**胸部就可以完全离开垫子**。虽然他还不能做得很好，但他在保持这种姿势的时候已经能够平视前方了。

语言能力

现在，宝宝将试图与你保持“交谈”，他：

- 已经可以发出很多简单的元音和辅音。
- 试图**模仿**你说的句子，或发出一连串的声音，或说出一些单词，如“咯咯”等。
- 能发出大量的、**各种各样**的声音，到了第16周他可以用这些声音来**表达感觉**。这些声音当中有很多是表示愉悦的，例如轻声笑、大笑、尖叫等。
- 可以用嘴唇**吹气**——用吹泡泡的方式来展示他的新本领。

手的能力

宝宝的双手成为他特别喜欢的玩具——因为这个玩具随时随地都可以玩耍，此外，他：

- 会花上很长的时间来**研究**手指的活动。
- 可以同时**移动**双手和双脚，如果需要的话，也可以分别移动。
- 能用双手**拿起一个玩具**——这是个了不起的发现。
- 可以**把一只脚搭在另一条腿的膝盖上**，可以收回双脚，这样脚底就能平放在垫子上——这一点对于以后学习走路至关重要。
- 可以**晃动玩具**并让它发出声响，尽管他还不能自己捡起玩具。
- 能够伸手去**抓玩具**，尽管他经常判断错距离，把手伸得越过了玩具。

宝宝喜欢笑

宝宝将学习如何成为**有趣儿的人**，还将学习如何**开玩笑**并享受任何能够让他发笑或者引你大笑的游戏。所有的宝宝都愿意引别人发笑——这是一种即时的反馈。从中他能够知道你喜欢他，还知道他得到了你的关注——这是他非常喜欢的娱乐方式！**欢笑**对你们双方都有益处，因为它可以**增强人体的免疫力**。

友善

宝宝天生**外向**，在这个阶段更是一点儿也不害羞。从下面这些情况就可以明显地看出来：

- 宝宝会对着每一个冲他说话或注意到他的人**仔细看**、**微笑**并**发出各种声音**。
- 认识你和其他家庭成员，甚至能**认出**家里的**宠物**。
- 会**感受到孤独**，还会让你了解当他醒着的时候，不喜欢一个人待很长时间。
- 当你向他走来，他会**停止哭泣**，并对你的出现表示喜悦。
- 当看见你的时候会**扭动**身体。
- 会**用笑声**来吸引你。

“**反复**给宝宝**做解释**”

智力

宝宝的视力逐渐发育成熟，他：

- 能够估出物体形状和尺寸的不同，以及它们之间的位置关系（游戏9），因为他现在**对细节很好奇**，并且会注意到物体的边缘。
- **喜欢**不同种类的**图案**，并能区分出不同颜色。
- 能够**认出**他所喜欢的人的**照片**，尤其是你的！

宝宝的大脑正以惊人的速度快速发育，这一点从他日益增强的好奇心就可以看出来。特别是：

- 当支撑他坐起来的时候，**他会对周围所有的事情都特别感兴趣**。
- 他对一切新事物都表现出兴趣：面孔、玩具、声音和新环境。
- 当被带进一个陌生的房间时，他能够**自信地**饶有兴致地四下打量。
- 能够意识到一些日常行为，并为此**感到愉悦**，例如洗澡、吃奶等。
- **喜欢开玩笑**，例如喜欢别人轻轻地点他的鼻子。

第四个月的“黄金时间”

智力　语言能力　身体活动　手的能力　友善

宝宝双手的能力正在逐渐增强。如果这时你把物体放在他的手里，他已经能够拿住了。如果有物体在他能碰到的范围内摇动，他会伸手去击打它。同时，宝宝也将在智力发育上，向前迈出一大步。

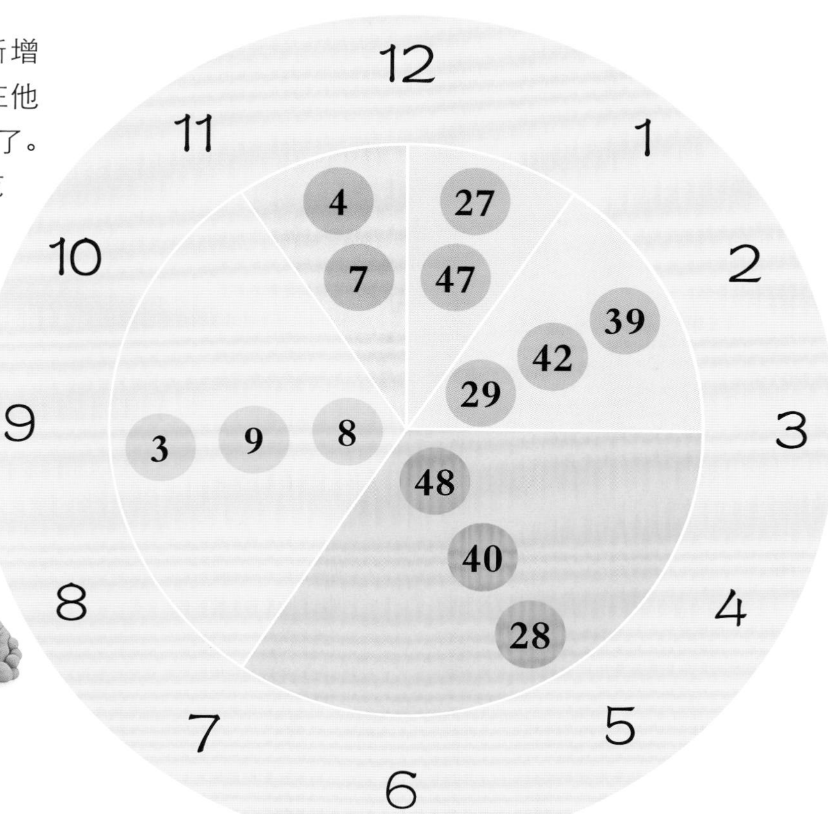

智力

宝宝的眼睛和大脑可以做很多事情，诸如：区分物体的大小、形状及它们的位置关系。你可以尝试在宝宝第16周时，通过“测试宝宝的智力”这个游戏（游戏9）来检测一下宝宝。此外，他还能预料到一些日常活动，例如吃奶和洗澡。你在做这些事情的时候动作应该夸张一些，并把你做的事情解释给他听。

适合的道具：镜子、手机

“轻轻地挠我，看我咯咯笑”

手的能力

给宝宝一些**带声响的玩具**，让他不停地摇动，使它们发出声响。让宝宝用双手抓住玩具，在他能够到的地方搭起**婴儿体操架**。

适合道具：带声响的玩具、婴儿体操架

身体活动

在这个阶段，宝宝更喜欢坐着，应尽可能地**支撑他坐起来**。通过“**宝宝俯卧撑**”鼓励他进一步控制头部活动。方法是先让宝宝趴着，让他能依靠自己的臂力使上半身和头部离开垫子。

7 手和手指

技能培养

通过“手和手指”的游戏，可以帮助宝宝培养下列技能：• 更好的手指活动能力 • 手的灵活性 • 协调性 • 友善 • 幽默感 • 感觉和情感 • 模仿 • 交谈

最好玩的婴儿游戏总是和潜移默化的学习结合在一起的，每一个游戏都蕴含着一个学习的时机，前提是不要勉强宝宝，并且能够在宝宝玩腻了的时候立即停止。手和手指的游戏也是如此，因为从第三个月起，宝宝就知道如何使用手和手指了。这些手和手指的游戏与游戏 29 提到的脚和脚趾的游戏可以互换。

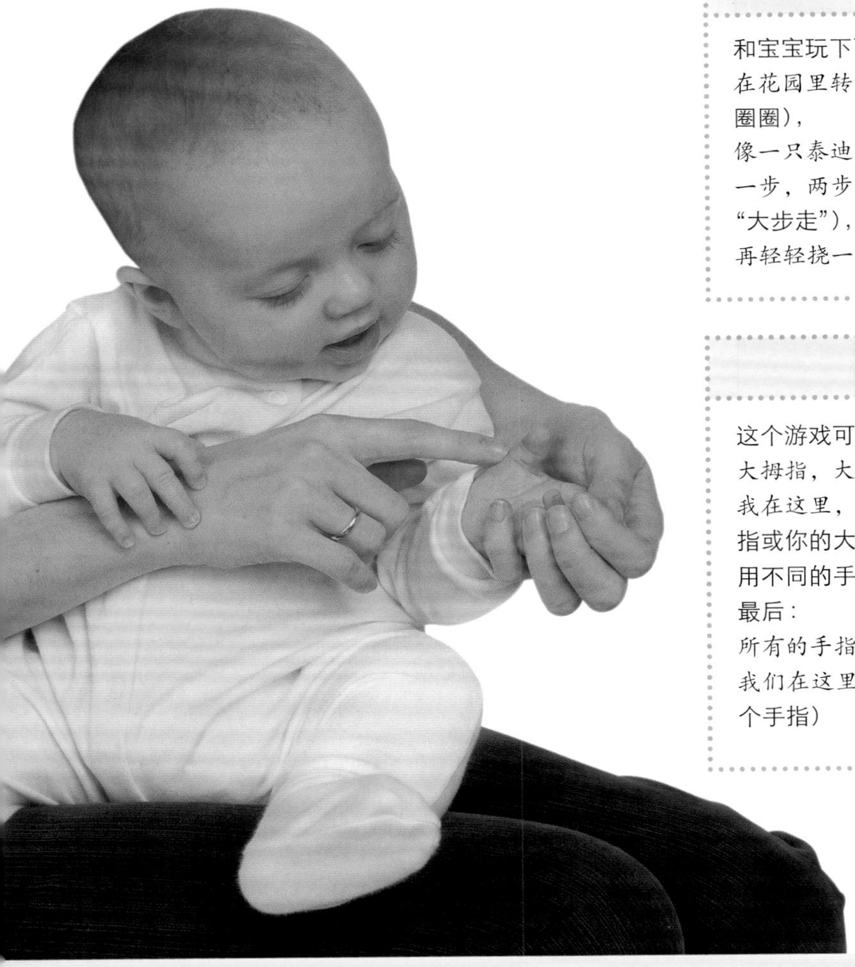

在花园里转呀转

和宝宝玩下面的传统游戏：
在花园里转呀转（用你的手指在宝宝的手心里画圈圈），
像一只泰迪熊，
一步，两步（用你的食指和中指在宝宝的手臂上“大步走”），
再轻轻挠一挠（轻轻挠宝宝的腋窝或下巴）。

大拇指

这个游戏可以帮助宝宝识别自己的手指：
大拇指，大拇指，你在哪里？
我在这里，在这里，你好吗？（摆动宝宝的大拇指或你的大拇指）
用不同的手指分别重复上面的游戏。
最后：
所有的手指，所有的手指，你们在哪里？
我们在这里，在这里，你们好吗？（一起摆动 5 个手指）

3~12 个月 ✓智力 语言能力 身体活动 手的能力 ✓友善

⑧ 藏猫猫

“藏猫猫”可以说是最有名的婴儿游戏之一。人们对它太熟悉了，以至于忽视了其中所蕴含的两个重要概念。第一，让宝宝懂得即使有些东西看不见，但它们依旧**存在着**。这一点可满足宝宝与生俱来探究世界的**好奇心**。第二，宝宝可以学习**预见**和**等待**某件事情的再次发生。这不仅有助于提高宝宝的**记忆力**，还可以促成宝宝对日常生活事务的接受，还会形成对“**未来**”这一抽象概念的理解——即接下来会发生什么？

藏起来

用双手捂住脸，问宝宝：“爸爸去哪儿了？”然后把手拿开，夸张地说：“在这儿呢！”

寻找

在宝宝面前举起一块布，问宝宝：“妈妈去哪儿了？”然后把布放下说：“在这儿呢！”重复上面的动作，鼓励宝宝自己动手抓住那块布，说：“这儿呢！找到妈妈喽！”

小熊哪里去了？

宝宝八九个月时，他就可[illegible]自己藏在被单或毛巾下面[illegible]你们可以交替玩“藏猫猫[illegible]游戏。你们也可以用一只泰[illegible]熊或其他毛绒玩具来玩这[illegible]游戏。你可以问宝宝：“小[illegible]哪里去了？”“小熊什么时候[illegible]来啊？”这种方式可以加深[illegible]宝对“未来事件”这一概念[illegible]理解。

技能培养

通过“藏猫猫”，可以帮助宝宝培养下列技能：• 看 • 观察 • 集中注意力 • 记忆力 • 预见能力 • 信任 • 对“缺席”概念的理解

4~5个月

宝宝对新鲜和陌生的情况越来越有所察觉，同时，他还正在学习如何表达他的感受。现在正是通过更多的游戏和玩具让宝宝认识“成就感”的时候了。在第五个月里，宝宝：

- 想要学习和模仿。
- 开始能够集中注意力。
- 开始能够支配双手活动。
- 喜欢加入游戏。

手的能力

宝宝开始意识到他的双手是个伟大的**工具**，他：

- 已经发现自己的**脚趾**，并发觉可以将它们放进嘴巴里。
- **把所有的东西**，包括自己的拳头，**放进嘴巴里**，因为这是他身体最敏感的地方。
- 第一次试图**抓住**玩具，他开始伸开手掌、手心朝下，最重要的是**手指能向手心弯曲**——但是，他只能抓一些较大的玩具，因为他的手指活动还不够灵活。
- 伸手**够**、**抓**所有的物品，记住：他喜欢抓长头发！
- 喜欢**揉搓**纸张、衣服或毯子。

厌烦的眼神

虽然宝宝现在还不会说“不”，但是如果在游戏的时候注意观察，你会很容易觉察到什么时候他玩够了——宝宝往往会**移开视线**，**拒绝“眼神交流”**。这时候你应该抱抱他或者**分散**他的注意力。如果你发觉不了这种厌烦的眼神，宝宝就只能通过**哭泣**来表达他的感觉。

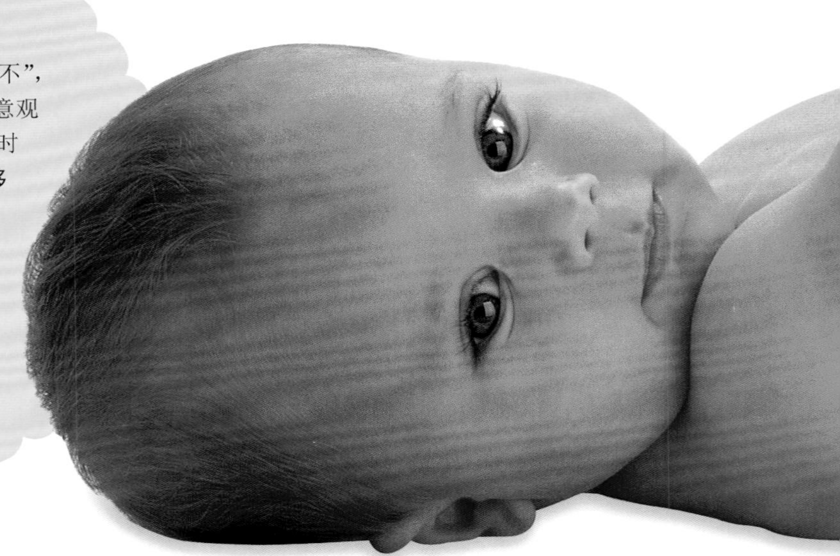

到目前为止，宝宝的个性已经开始逐渐显露出来。他已不再是那个令你陌生的婴儿了——你了解宝宝的需要，而他也相信你能够满足这些需要。

“让我们一起玩……这是个小脚趾”

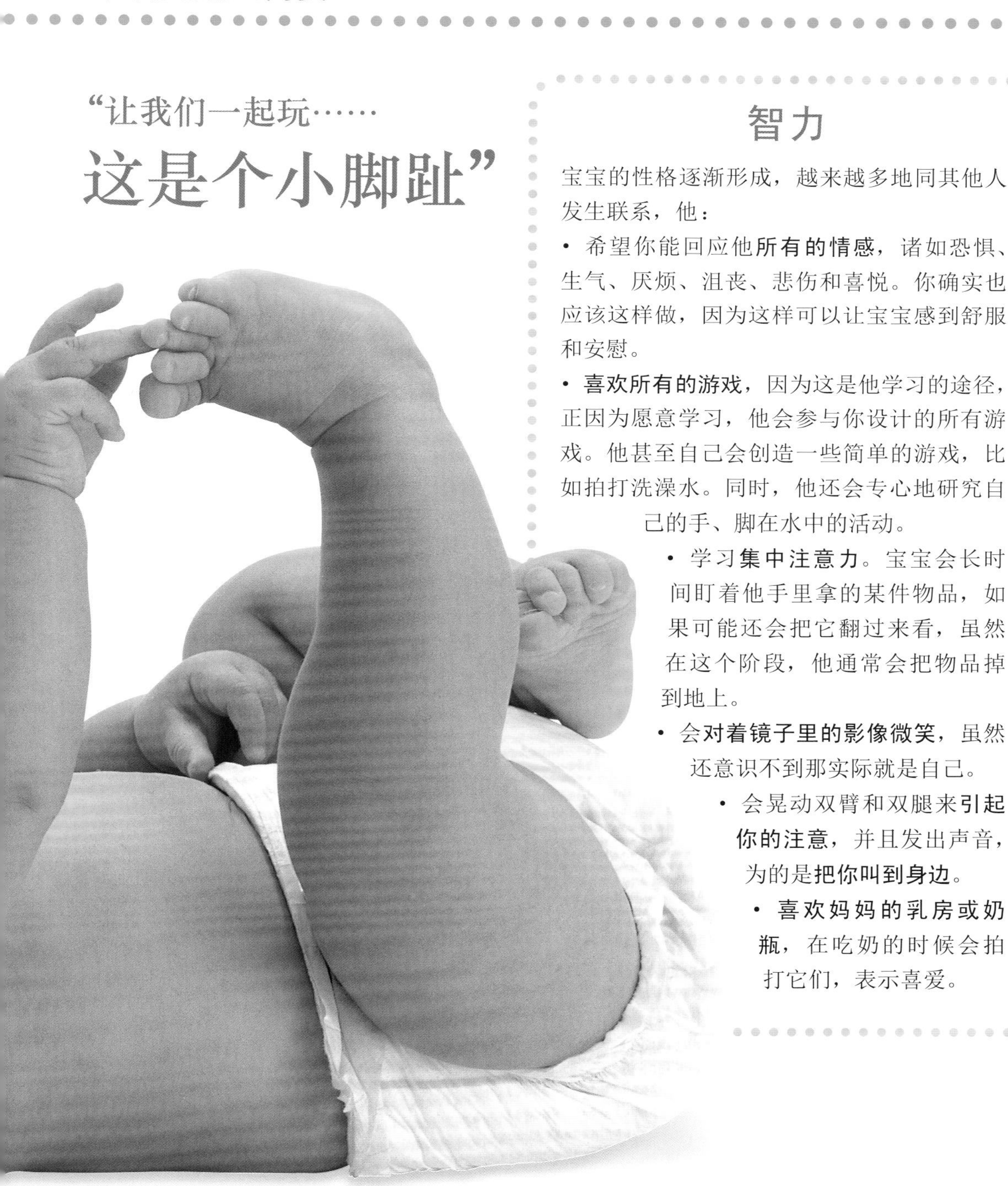

智力

宝宝的性格逐渐形成，越来越多地同其他人发生联系，他：

- 希望你能回应他**所有的情感**，诸如恐惧、生气、厌烦、沮丧、悲伤和喜悦。你确实也应该这样做，因为这样可以让宝宝感到舒服和安慰。
- **喜欢所有的游戏**，因为这是他学习的途径，正因为愿意学习，他会参与你设计的所有游戏。他甚至自己会创造一些简单的游戏，比如拍打洗澡水。同时，他还会专心地研究自己的手、脚在水中的活动。
- 学习**集中注意力**。宝宝会长时间盯着他手里拿的某件物品，如果可能还会把它翻过来看，虽然在这个阶段，他通常会把物品掉到地上。
- 会**对着镜子里的影像微笑**，虽然还意识不到那实际就是自己。
- 会晃动双臂和双腿来**引起你的注意**，并且发出声音，为的是**把你叫到身边**。
- 喜欢妈妈的**乳房或奶瓶**，在吃奶的时候会拍打它们，表示喜爱。

身体活动

宝宝的肌肉正快速发育。他正逐步获得一项非常重要的能力——对头部控制能力，因此，他能够：

- 轻易地**把头从一侧移到另一侧**，不再像之前那样摇晃。
- 坐着的时候，**保持头部和躯体在一条直线上**，不会再发生头部后仰的情况——这是宝宝**发育的一个重要里程碑**。
- 坐着的时候，**保持头部的稳固**，即使你轻轻地来回推他。
- 趴着的时候，用双臂支撑身体，**抬起胸部**并离开垫子，同时能够**平稳地向前看**。

语言能力

在这个月，宝宝将试着发出新的元音和辅音。他还掌握了许多非语言的信号形式，用来表达他的需要。例如：

- 当他不愿意被放下的时候，会夸张地**依偎在你身上**。
- 不高兴或者不愿意被你关注时，可能**会推开你**。
- 面对不喜欢的东西，**会将头扭向一边**。

说话的语调

生气的语调会让宝宝感到不安，所以当他听到你用生气的口吻对他讲话，他就会停下来观察你是否真的对他不满。这种反应是未来一切教养训练的基础——你所要做的仅仅是改变你说话的语气。宝宝**喜欢平静和蔼的语调**，为此他几乎愿意做任何事情，即使是放弃他想做的事情。

友善

宝宝正在学习通过各种方式来表达自己的感情。到了这个月末，他：

- 非常熟悉你的声音和语调，不喜欢你说“不”时所用的异样语气，尽管他还不知道其中的意思。
- 渴望用**微笑**跟他认识的人打招呼。
- 用身体活动、面部表情、声音以及哭泣来**表达情感**。

第五个月的“黄金时间”

智力　语言能力　身体活动　手的能力　友善

过了这个月，宝宝就可以自己坐起来了。这种本领对于宝宝将来学习走路，是至关重要的。因此，作为准备，你应该帮助他加强颈部和背部的肌肉锻炼。

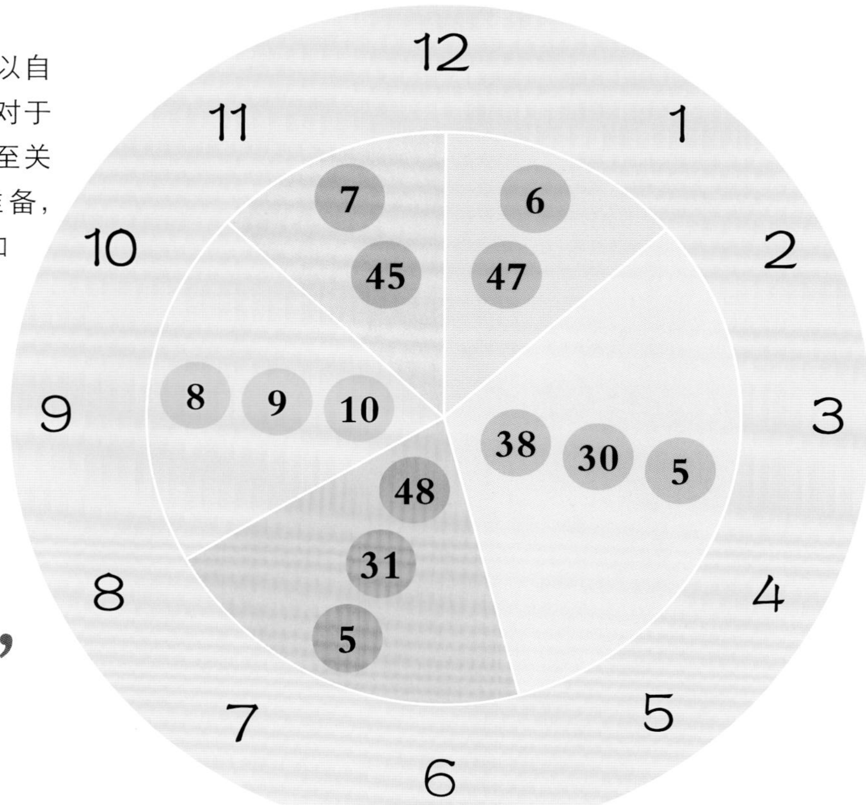

“对宝宝保持微笑”

身体活动

现在宝宝的上半身已经很强壮，也很灵活，同时，他已经能够完全控制头部的运动。你可以把宝宝放在膝盖上玩**上下跳跃的游戏**。宝宝也有可能开始**翻身**了，因此可以做一些在地板上玩的游戏，或者玩“滚球”游戏。

手的能力

宝宝现在可以伸开手掌**抓住玩具**了，因此要经常把玩具放在他可以够得到的地方。同样，他也喜欢自己的脚趾，你应该继续和他玩**脚和脚趾**游戏。

适合的道具：**球、带响的玩具、有触感的积木**

智力

宝宝现在正拼命地学习和**模仿**，可以尝试一些**节奏感和动作性**较强的新游戏。给他一些有趣儿的物品拿着研究，这样，可以把**动手能力和智力培养**结合在一起。

适合的道具：**手机、带响的玩具**

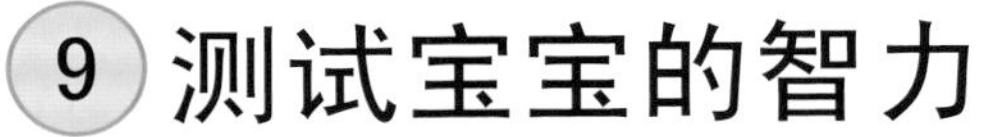

9 测试宝宝的智力

技能培养

这个游戏可以帮助宝宝培养下列技能：• 感知能力 • 观察能力 • 空间感 • 专注力 • 视力

当宝宝 16 周的时候，你可以通过这个游戏来测试一下他的智力。尽管有些让人吃惊，不过宝宝确实已经对非语言的推理非常在行，而且可以对物体的大小做出判断。

制作图形卡

取四张 21 厘米宽的纸片。在第一张上画出上下排列的一小一大两个圆圈；在第二张上画出上下排列的一小一大两个菱形；在第三张上画出一大一小两个三角形，小三角形在大三角形的上方；第四张与第三张相反，大三角形在小三角形的上方。选用明亮的单色，如红色或蓝色。

圆形和菱形

先给宝宝看画有圆形图案的卡片，然后再给他看画有菱形图案的卡片。宝宝应该能够发觉两种图片都是小图在大图上方这一规律。

三角形

现在，给宝宝看第三张卡片（卡片上小三角形在大三角形上方）。如果宝宝已经从前两张图片中发现了卡片的规律——小图在上、大图在下，那么他对第三张卡片将不会表现出任何兴趣。但是，如果你拿出第四张卡片给宝宝看，卡片上大三角形在小三角形上方——体现了与前面几张完全不同的概念——或许就会发现宝宝对这一张将产生新的兴趣。

4~12 个月 ✓智力 语言能力 身体活动 手的能力 友善

10 “是”和“不”

从宝宝4个月起，如果你用严厉的语气对他说“不”，他就会停下手中正在干的事情，这是因为你的话语表明了你对他行为的不认可——这是对宝宝进行纪律训练的第一步。这些游戏能够帮助宝宝了解“不”还有另外一种更直接的用法——它是“是”的反义词。同时，应该向宝宝讲解“否定”和“肯定”的概念——这是一切理性分析的基础。因为宝宝目前还不会讲话，所以这些游戏使用了点头、摇头这样的非语言信号来表达意思。

技能培养

这些游戏可以帮助宝宝培养下列技能：• 理性思考 • 记忆单词 • 观察能力 • 对话 • 角色交替 • 身体语言 • 使用单词表达（非语言信号所表达的意义）

提问和回答

和宝宝一起坐在地板上，在面前摆放一些玩具。选出其中的一个玩具，并让宝宝看到你拿起了玩具。这时，你故意把玩具藏在你的身后，并问宝宝：“爸爸拿积木了吗？”这时，你要边点头边说：“是的！”同时尽量引导宝宝也点头。重复上面的游戏直到宝宝了解其中的含义。然后，把积木藏到毯子或垫子下面，问宝宝：“你和爸爸能看见积木吗？”你摇头并回答说：“不，看不见！”

这是……吗？

找一本有常见动物图片的书，指着猫的图片问他：“这是猫猫吗？”“是的！”同时，你要使劲地点头，并鼓励宝宝也这样做。然后指着鸭子的图片问：“这是猫猫吗？”“不！”在你摇头的同时，让宝宝也模仿你的动作。做几次之后，宝宝不需要你的帮助就可以完成这个游戏了。每当宝宝回答正确，都要记得好好表扬他。

4~12 个月　✓智力　✓语言能力　身体活动　手的能力　友善

5~6 个月

第六个月是宝宝成长过程的分水岭，因为他：

- 开始了解到，一些人和事，即使他看不到，也还是照样存在的。
- 开始发出各种声音，加入同人的对话中。
- 到月末时，甚至有可能自己坐上一会儿。
- 开始用双手协作来抓握物体，例如奶瓶等。

宝宝愈加活跃——他已经等不及要蠢蠢欲动了！

宝宝开始牙牙学语并希望别人能听到自己的声音。他的手眼协调能力更强，因此他也对自己更加满意。

身体活动

宝宝日渐增长的**力量**和**灵活性**意味着他：

• 能够完成“**俯卧撑**”的动作——他能够仅仅依靠双手（两只手离得相当近）支撑头部、胸部和腹部离开地面，在这样的姿势下，他能够**抬起头向前看**。另外，宝宝还试图**用一只手来支撑身体**。

• 能够把双手放在两腿之间支撑自己坐上几秒钟。

• 能依靠保护垫在吃饭的高脚椅上坐几分钟。

• 当你要抱着他坐起来的时候，他能抬起头做准备。

• 趴着的时候能够自己**翻身**。

• 当你把他放在大腿上，让他站着的时候，尽管他的膝盖还比较软，但非常希望能自己站立——会**屈腿、伸腿地上下跳跃**。

语言能力

宝宝逐渐掌握谈话中**交替说话**的窍门，并且**尝试发出新的声音**。你应该注意倾听，当他：

• 试图和自己在**镜子当中的影像**说话或者嘟嘟哝哝自言自语时。

• 希望**模仿**你的谈话，或者**玩吐舌头游戏**（把舌头伸出来放在双唇间玩耍）的时候。

• 拥有更多“谈话声音”的时候，特别是当他经常练习**吹气**和**咂嘴**的时候。

• 开始对自己的**名字**有反应——尽可能多地叫他的名字，从而帮助宝宝形成**自我的概念**——让他意识到自己是重要的。

• 发出特别的声音来**引起你的注意**，甚至还会尝试发出**咳嗽声**的时候。

• 用简单的方法把真正的元音和辅音组合起来，发出“**咔**”、“**嗒**”、“**妈**”和“**哦**”等的时候。

• 能**听懂**你说的一些话，诸如：“给你奶瓶”、“爸爸来喽”、“是”、“不是”的时候。

• 开始**牙牙学语**——反复练习一个发音，然后倾听，接着自己再试的时候。

手的能力

现在，宝宝对双手有了更好的控制能力，他：

- 能够在他小小的手指的引导下，用整个手掌**抓起**一个立方体。
- 能够有意识地**放开**某个物体，**丢开**一个后，再拿起另一个。
- 能够用双手**抓住奶瓶**，然后把它**直接放进嘴里**。
- 躺着的时候仍然会**抓住自己的双脚**，把脚趾放进嘴里（男宝宝还可能去抓生殖器）。
- 会**仔细观察**手里抓着的物体，把它翻过来掉过去地看。
- 非常希望**自己"喂"自己**，从第六个月开始，如果你给他一些容易抓住的安全的手指食物，他会尝试这样做。

智力

宝宝有自己的想法并能弄懂一些事情。他：

- 仍旧喜欢欣赏自己在**镜子**里的影像，但是不像以前那么着迷了。现在他开始**对着镜子里的自己说话**，仿佛那里面是另外一个宝宝。
- 如果听到有脚步声正朝自己走来，能够**判断出**谁将出现。这时宝宝会**变得很兴奋**，尽管他还没看见那个人。
- 当你离开房间，他看不见你的时候，会感到害怕并且**变得十分焦虑**。
- 用很多不同的**身体语言**来表达自己的需要，特别是表达他的**好恶**。
- 当**寻找**一个被他**丢了**的玩具时，**非常好奇**玩具究竟去了哪里。
- 喜欢**"藏猫猫"的游戏**，如果你把他的头用方巾遮住，他就会大笑。
- 能够开始判断自己与物体的距离，能更准确地**抓住**想要的物体——这正是他的**手眼协调**能力。

友善

宝宝第一次**表达自己的爱**，你会发现：

- 宝宝会对你有很多友好的表示，**希望跟你有身体接触**，但由于他现在的活动还不十分灵活，可能会非常粗鲁地拍打你。
- 宝宝**喜欢你的脸**——他会用鼻子碰或者用手抚摸你的脸，甚至有可能抓起你的一绺头发！
- 到了月末，宝宝可能开始**认生**——当一个陌生人对他或对你讲话的时候，宝宝可能会**把头埋在你的胸前**；如果陌生人抱起他，宝宝还可能会哭。

"我喜欢模仿，我是**天生的**模仿者"

第六个月的“黄金时间”

智力　语言能力　身体活动　手的能力　友善

宝宝的情绪更加外露，希望通过身体接触和言语向你表达他的爱。宝宝表达爱的行为包括发出声音——比如“啊”以及身体语言和抚摸。

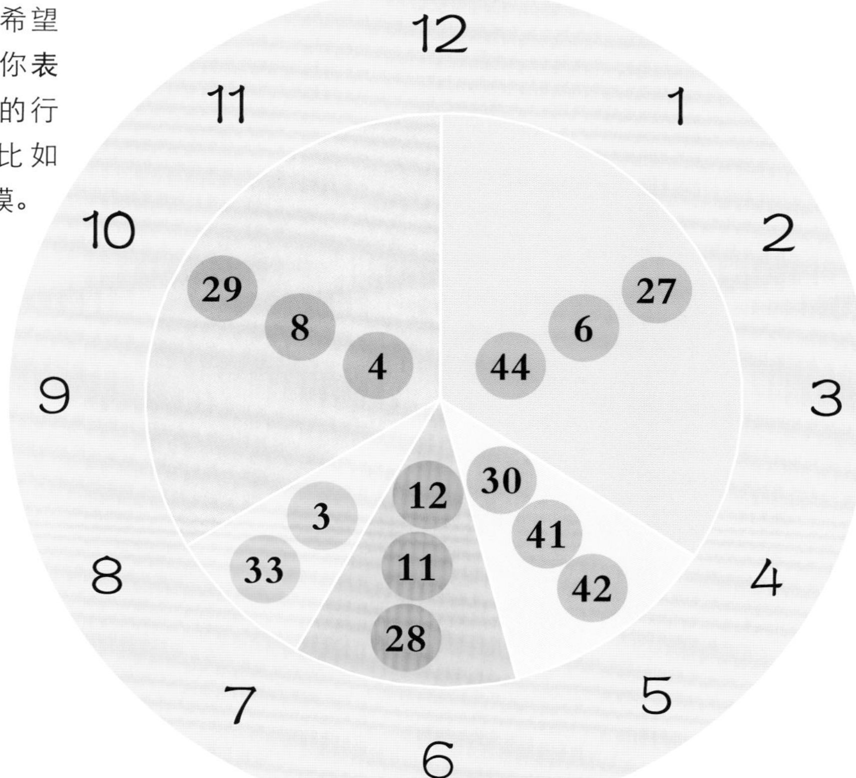

“不断地给宝宝唱歌”

友善

让宝宝抚摸你的脸，并在他抚摸的时候对他说“你好”。把一面镜子放到他面前，帮助他用手轻拍镜子里的影像。可以和镜子里的影像玩很多游戏。教宝宝拍打和抚摸宠物来表达爱心，让他抱玩具，给他看有动物妈妈和宝宝的图片。

适合的道具：图画书、可爱的玩具

语言能力

尽可能多地跟宝宝说话——告诉他你在做什么，指给他看有趣儿的事情，尤其是动物，告诉他你们什么时间可以出门。重复一些短语，如果宝宝听懂了，一定要表扬他。给宝宝唱歌、说童谣，一起玩拍手游戏，一起看书——看图说话，学动物的叫声。

适合的道具：音乐磁带/CD、介绍动物的图画书

11 拍手游戏

包含节奏、韵律、重音和音乐的游戏有助于培养宝宝的说话能力——如果一个游戏能包括所有这些因素的话，其效果最为明显。拍手游戏之所以有趣儿，因为它既有节奏性又有音乐性。拍手和敲击是宝宝早期就习得的两项技能，因此他能很快加入拍手游戏，并和你分担游戏的角色。

技能培养

通过“拍手游戏”可以帮助宝宝培养下列技能：• 控制双手的能力 • 手眼协调能力 • 双手协调能力 • 注意力 • 记忆力 • 观察能力 • 语言能力 • 模仿 • 参与能力

这是宝宝的球

你可以和宝宝一起演唱下面的儿歌：

这是宝宝的球，
又大、又胖、又圆（用你的手比画成一个球形）；
这是宝宝的铁锤，
看它如何砰砰地敲（用你的拳头做出敲击的动作）；
这是宝宝的士兵，
站成整齐的一排（竖起你的手指）；
这是宝宝的音乐，
拍手、拍手……（伴着节奏拍手）

拍蛋糕

用你的手拍宝宝的手，直到宝宝学会自己拍。

拍蛋糕、拍蛋糕，
做蛋糕的伯伯（伴着节奏拍手），
请快为我做蛋糕（用手做出和面的姿势）；
拍蛋糕（拍宝宝的手）、杵蛋糕（用你的一个手指杵一杵宝宝的手心），
蛋糕上面写“宝宝”（用手指在宝宝的手心里写“宝”字），
把它放进烤箱烤一烤（模仿把蛋糕放进烤箱的动作）。

5~12 个月 ✓智力 ✓语言能力 身体活动 ✓手的能力 ✓友善

⑫ 搭积木

传统的木制积木可以激发宝宝多方面的技能。在宝宝能够把积木搭在一起之前，他早就能够紧紧地握住一块积木，翻来覆去地仔细研究。随后，宝宝双手能够各拿一块积木，而且很快就学会相互敲击，让它们发出令他满意的声响。宝宝 11 个月的时候，会试图把积木搭在一起，因为那时他已经能够准确地松开和抓起物品。

技能培养

通过“搭积木”游戏可以帮助宝宝培养下列技能：• 抓取东西的能力 • 放开手中的物品 • 控制手部运动 • 手眼协调能力 • 集中注意力 • 理解因果关系 • 增强力量 • 放置物品的能力

选取积木

把形状各异的积木放在宝宝手里，并告诉宝宝它们的区别：“这块圆积木是红色的，它可以在地上滚动。”“这块方积木是黄色的，它的边缘是直的，你可以把另一块积木放在它的上面。”然后，让宝宝仔细观察，选择他想要的积木。

全倒了

在宝宝能坐立后，你可以在他面前用积木搭起一座高塔，看宝宝多快能够把它推倒。让宝宝两手各拿一块积木，相互敲击；或者让宝宝用手里的积木去敲打地上摆放的一排积木。

搭积木

当宝宝能够自如地放开手里拿的物品后，你可以鼓励他自己搭建大楼——起初是把一块积木搭在另一块的上面，然后在上面叠加更多的积木。用积木搭建一座大桥，然后告诉他如何从桥上推下一辆玩具汽车或滚下一块圆形积木。

6~7 个月

现在宝宝能够自己坐起来了，这极大地提升了他的独立性和自信心。因此，他：

- 变得极度自信，甚至固执。
- 练习快速发展的发声技能。
- 更善于与人交往。

宝宝学说话

为了宝宝发声时能保持喜悦心情，你应该不断重复他发出的一些你能辨别的声音，例如“吧”、“嗒”、“咔”等。如果他**咿咿呀呀地说出一大串**，你应该试着模仿他声音的变化，然后发出新的声音等他回答。这样宝宝很快就能学会**一对一的交谈**，而且还会**模仿**你发出的声音。

现在宝宝看上去更愿意与人交往，情绪也更稳定。他已经能够自己坐起来，这给了他观察周围世界的新视角，让他十分兴奋。

智力

直到现在，宝宝才开始真正弄清周围的事物，他的记忆力正逐渐增强——他能**预料日常生活中的惯例**和所熟悉的游戏程序。这些都能从下面的行为中体现出来：

• **喜欢镜子中自己的影像**，并用手轻拍——他还会拍打和抚摸你的脸来表达他深深的爱意。他已经习惯感受和表达爱。

• **知道自己的名字**并能做出反应。

• **模仿你**——如果你伸出舌头，他也会照着做。

• 能预先对经常重复的游戏动作做出反应。

• 能够**找到部分藏在衣服下面的物品**，喜欢玩“藏猫猫”。

• 很快就要**明白**“不！”的含义了——宝宝用自我控制来回应，比如，他会回过身疑惑地看着你，希望得到更多的信息（这时候，你应该重复地说“不！”）。

语言能力

宝宝开始尝试自言自语或者同你交谈。因此，他：

• **牙牙自语**，因为他喜欢自己发出的声音。

• 首先**与你搭话**，而不是等你先开口。

• 发出很多清晰可辨的声音。

• **试图模仿你的声音**，特别是动物的叫声，如“嘎、嘎”。

• 他自己会发出一堆音调高低不同的声音，这些声音都分别有着独特的意义。

• 第一次发出**鼻音**。

• 能够用牙床做出**咀嚼的动作**，因此可以吃固体食物——咀嚼让宝宝知道嘴巴的作用，并帮助他发展语言能力。

友善

宝宝喜欢有人陪伴，但这时候他更加独立，并且同样喜欢一个人待着。他：

• **认识到**其他的宝宝和自己差不多，会用手去摸他们以示友好。

• 会像拍打你一样地**拍打**其他宝宝或者他自己在镜子中的影像。

• 像对你说话一样地对其他宝宝或他自己**讲话**。

• **参加**一些小游戏，如“拍蛋糕”和“这是一只小猪”。

• 非常乐于与人**交往**，希望你能了解他，会用笑、咳嗽、哭泣、尖叫、吹泡泡和皱眉等方式跟你交流。

身体活动

这个月，宝宝将有很大的进步。现在，他：

- 可以用一只手撑着身体离开垫子，摆出“**俯卧撑**”姿势，把体重全放在一只手臂上。
- 能够**稳稳当当地坐着**，不需外力帮助。
- 当宝宝平躺着的时候，可以**抬起头**四处观望。
- 可以由仰着的姿势**翻成**趴着的姿势（这比由趴着翻成仰着要难得多）。
- 能够用肌肉的力量让**双腿伸直**，而不再打晃儿。当你让他站在你腿上时，他的腿能够稳稳当当地支撑起自己的体重。
- 通过不停地弯曲、伸直腿部来**上下跳跃**。

手的能力

宝宝抓东西的能力较以前更强，他：

- 可以用手指**抓取**积木，而不再像以前那样需要将手掌张开去握住它。
- 能够非常轻易地**把玩具从一只手换到另一只手**。
- 可以只伸出一只手去拿玩具，不再像以前那样两只手都伸出去。
- 可以在一只手**拿着**玩具的情况下，伸出另一只手拿递给他的另外一个玩具。

宝宝的协调能力也有所增强，他：

- 用手掌**拍击**物体。
- 能够自己吃一些手指食物；能够**握住勺子**，尽管还不能用得很好。
- 能够用带把儿的杯子喝水。

物质永恒

宝宝将开始认识到：某个物体或人，尽管他看不见，但仍然还是存在着的，无论是妈妈还是玩具都是如此。物理学家称之为“物质永恒”。这个时期，把某个物体藏在衣服下面，只露一点儿在外面，在你的帮助下宝宝将会找到它。一两个月以后，即使他完全看不见这个物体，也会学着去寻找。

第七个月的“黄金时间”

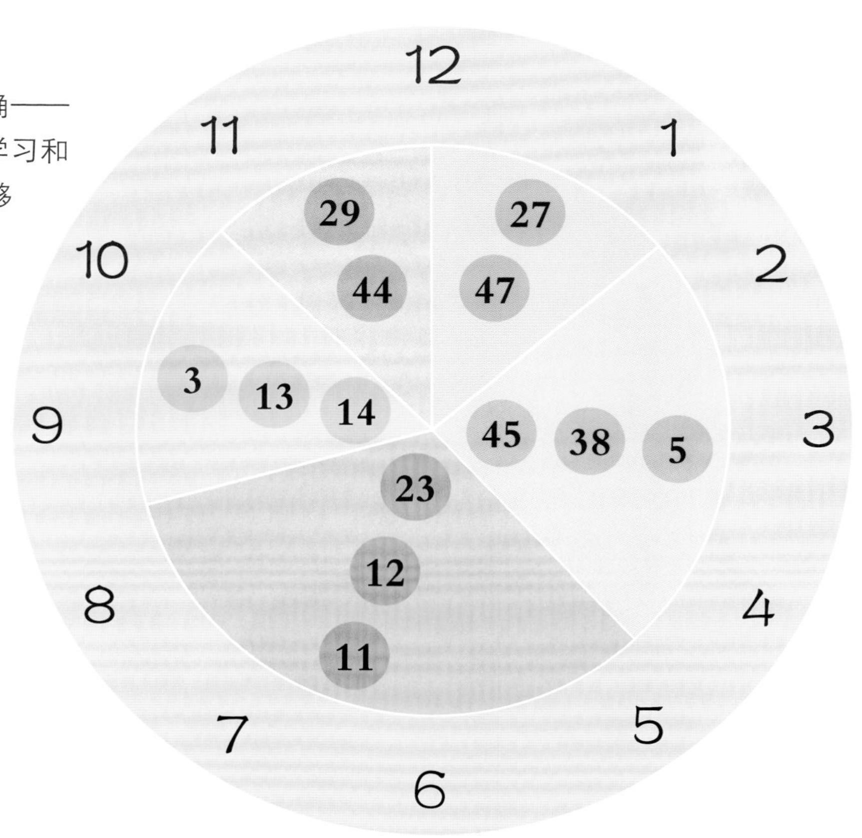

宝宝抓取东西越来越准确——这对于其将来进一步的学习和独立至关重要。他还能够把东西熟练地放进嘴里，由于这种可能性，你千万不要给他易误吞的物品。现在，他对双手和双臂都有了更好的控制能力。

手的能力

给宝宝一些手指食物，让他自己拿着奶瓶，使用带两个把儿的杯子。让他用手指抓取一些小的物品（但是绝不能小到他能够吞下从而导致窒息）。宝宝喜欢弄出声响，可以教他如何用手掌拍出声音，和他玩“拍蛋糕”的游戏。

适合的道具：球、积木、带响的玩具

身体活动

现在宝宝能从仰卧位翻身至俯卧位，可以尝试一些地板游戏。不要担心看上去会有点儿傻，他正在形成幽默感，这对你也有好处——大笑有助于增强免疫力。宝宝趴着的时候可以用一只手臂支撑身体，这时，可以让他伸手拿一些物品，从而提高平衡性和增强力量。

智力

宝宝的智商和语言能力迅速提高，他喜欢手和拍手游戏，会模仿你学动物的叫声。要经常给宝宝看动物图片或者带他去看真动物，这样他就能够分清动物的一些特征——长得什么样，怎么叫和能干什么。宝宝喜欢所有类型的图书。

13 藏起来，再回来

技能培养

通过“藏起来，再回来”的游戏可以帮助宝宝培养下列技能：• 好奇心 • 理性思考 • 专注力 • 成就感 • 理解力 •“离开”和“回来”的概念 •“隐藏”和“找到”的概念 • 节奏感 • 语言能力 • 平衡能力 • 头部控制力

“藏起来，再回来”的游戏可以说是“藏猫猫”的延续，它可以帮助宝宝了解：**有些人和物体即使看不到，也还是存在着的。**这个新游戏在“宝宝技能指南”中，被归为更高一级的学习内容，因为它可以引导宝宝去**寻找那些他看不见的人和物体。**当宝宝熟悉的人和物体消失时，他知道这些人和物体还会再回来——其中也包括爸爸和妈妈。

玩具去哪儿了？

和宝宝一起坐在地板上。你坐在宝宝够不着的地方，拿着能出声的玩具。这时，让手中的玩具发出声响，然后把玩具藏在身后。如果宝宝想寻找玩具，你可以把玩具递给他，并及时给予表扬。如果宝宝表现出不确定的神情，你就再让玩具发出声音，给宝宝提供听觉上的线索。

两只小鸟

带动作地演唱下面的儿歌：
两只小鸟站在墙头（竖起你的两根食指），
一只名叫彼得，一只名叫保罗（摆动你的手指），
彼得飞走了（把一只手藏在身后），
保罗也飞走了（把另一只手也藏在身后），
彼得飞回来了（把一只手从背后拿出来），
保罗也飞回来了（把另一只手也从背后拿出来）。

6~12 个月 ✓智力 ✓语言能力 ✓身体活动 ✓手的能力 友善

14 进一步认识图书

对宝宝而言，图书可以说是最好的玩具之一，因为它们乐趣无穷，你可以经常和宝宝一起看他喜欢的书。带故事情节的书会引导宝宝去探究**接下来会发生什么**，由此激发宝宝的**想象力、记忆力**和**智力**。同时，这些图书还能提升宝宝新学会的其他技能——甚至包括身体技能，例如用手指**指示物体**。你应该随时带些图书——睡觉之前、洗澡的时候和乘车出游时。夜里也可以把一些质地柔软的图书放在宝宝的小床里。

技能培养

通过看书可以帮助宝宝培养下列技能：• 专注力 • 记忆事件的发生顺序 • 翻动书页 • 识别图画和事物 • 理解词汇的含义 • 叫出事物的名字 • 说出一些带有意义的词语

讲故事时间

给宝宝读一些简单的故事书，这些书上最好没有文字，而是多一些大而简单的图画。带有动物图片的图书最为理想，特别是如果书中提到动物妈妈和宝宝，你可以和宝宝一起指着书中图片，叫出动物妈妈和宝宝的名字，为宝宝示范动物的叫声，并编出简单的故事讲给宝宝听。宝宝也喜欢看有其他宝宝的图片。

翻动书页

无论和宝宝一起读什么书，你都应该有意识地给宝宝讲解并示范如何翻动书页。宝宝需要非常高超的手指技巧才能准确地翻过一页纸（第十一个月或第十二个月的时候），但是远在此之前，宝宝就有很高的热情去试图翻动书页。由较厚较硬的卡片页组成的书，对宝宝来说，会比较容易翻动。

家庭故事

当宝宝稍微长大一些，他会非常喜欢在故事里听到他自己或家人的名字。你们一起读书的时候，不妨编一些故事给宝宝，用宝宝、妈妈、爸爸、奶奶和家里的宠物狗做故事的主人公。这样可以帮助宝宝加深自我形象概念以及对家庭的理解。

3~12 个月　✓智力　✓语言能力　身体活动　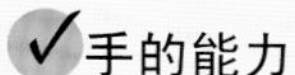　✓友善

7~8 个月

现在，宝宝开始了解到他是一个单独的个体，而他经常亲近的这些人是很重要的。在这个月里，宝宝：

- 可能会开始感到害羞，并有些认生。
- 对你表现出特别的依恋。

“现在就看我！”

友善

当出现不熟悉的人时，宝宝可能会变得警觉起来。这从另一侧面体现出宝宝对熟悉的和照顾他的人的喜欢和偏爱。注意下面的观察：

• 你说“亲一个”，宝宝会回应你——他会朝你**挪动身体**，并且发出亲吻的声音。

• 宝宝会**拍打**或**抚摸**毛绒玩具或家里的宠物来表达对它们的喜爱。

• **喜欢大一些的孩子**，试图抚摸他们。

• 如果你离开，宝宝就会**开始哭泣**；如果你返回身或抱起他表示你爱他的时候，宝宝就会停止哭泣。

语言能力

现在宝宝已经能够做出表情和发出声音，让你了解他的感觉和需要。尽管现在离宝宝真正可以说话还有几个月的时间，但宝宝：

• 已经开始**把音节组合在一起**（在这方面男孩子要比女孩子稍晚些），“**爸**”变成了“**爸爸**”，“**妈**”变成了“**妈妈**”等。

• 看见某种动物的图片或者在路上看见猫、狗，会很容易**模仿出它们的叫声**。

宝宝正在学习如何表达爱——他让你相信他很爱你，而且宝宝最开心的时刻就是当你表示你也爱他的时候。

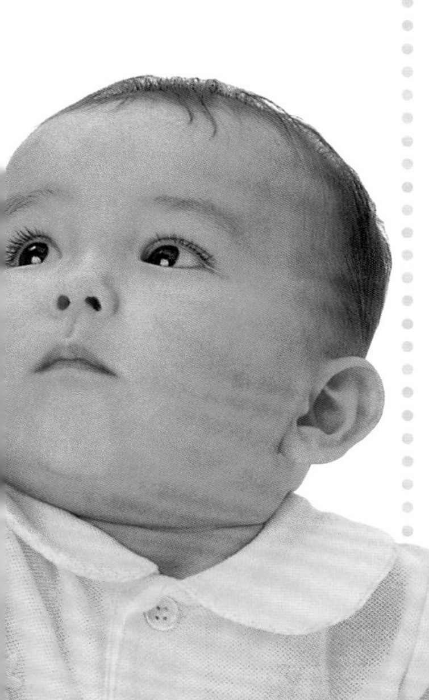

智力

你会发现，越来越多的迹象表明宝宝已经能够听懂你说的话，尽管他还不会真正开口说话。到了这个月，宝宝：

- 能够通过接触**记住一些反义词**（冷 / 热，软 / 硬）。
- 能够**了解事物间的差异**（区分出妈妈的外套与宝宝的外套）。
- 能够**判断**距他一米以内的物品的大小。
- 能够**理解日常生活中一些常用短语**的含义，因此，当你们来到浴室，他就知道“该洗澡了”。
- 知道“不！”的意思就是停、不行、别碰。
- 对想要得到的玩具表现出极大的**决心**，并努力地伸手去够——宝宝是相当固执的，如果他拿不到玩具甚至还会掉眼泪。
- 在**玩玩具**的时候，会将注意力集中在玩具上，仔细研究它。
- 会**固执地**表示他非常希望自己吃饭。

不要强加时间表给宝宝

宝宝真正开始对玩具和周围的事物产生兴趣，并且看起来就要会爬——这些成长确实让人兴奋。但是，切记不要强加时间表给宝宝。你能做的就是**作为一个玩伴儿去鼓励他**——宝宝只有做好准备才可能开始爬。不要试图将他与其他同年龄的宝宝做比较——**所有的宝宝都是不同的**。

身体活动

为了抓到够不着的那些东西，宝宝的**独立性**和**决断力**必然会带给他身体活动上的进步。因此，他：

• 将会试图挪动身体来接近他够不着的玩具——为此，他也许会发现他可以用向前或向后**翻身**的方法接近那个玩具。

• 从上面的行为中学到很重要的一课——他的整个身体能接近那些单靠伸手够不到的东西。

• 喜欢站在你的腿上——他的腿已经很强壮，可以依靠膝盖和腿部**支撑起整个体重**。

手的能力

宝宝长时间独处时，自我娱乐能力的养成主要得益于日渐灵活的双手。你会发现宝宝：

• 会**拍手**、拍玩具，拍几乎任何物品的表面。

• 能**抓取**纸张并把它撕碎。

• 可以用手指**拿起**玩具而不是用整个手掌，不过，目前他还必须用到全部的手指，包括拇指。

• 会用食指**指点**物品——这个信号表明他很快就能够用手指**夹取**物品了。

蹒跚学步

鼓励宝宝试着拖着腿移动，这不仅让他体会到能够移动的惊喜，同时也会让他感觉到如果他能够**行走**的话将是多么**有趣儿**的事情。你坐在地板上，注意要坐在宝宝伸手够不到你的地方，然后，**伸出你的双臂**，喊他的名字。如果他跌倒了你可以抓住他，如果他成功了，一定要记得**给予他表扬**。

“手会……

抓牢，

指点，

敲打”

第八个月的“黄金时间”

智力　语言能力　身体活动　手的能力　友善

这个月，宝宝的个性真正显露出来。他现在知道谁是他最喜欢的人。他真的不喜欢你的缺席。当你要离开他的时候，他会表现出恐惧和焦虑。

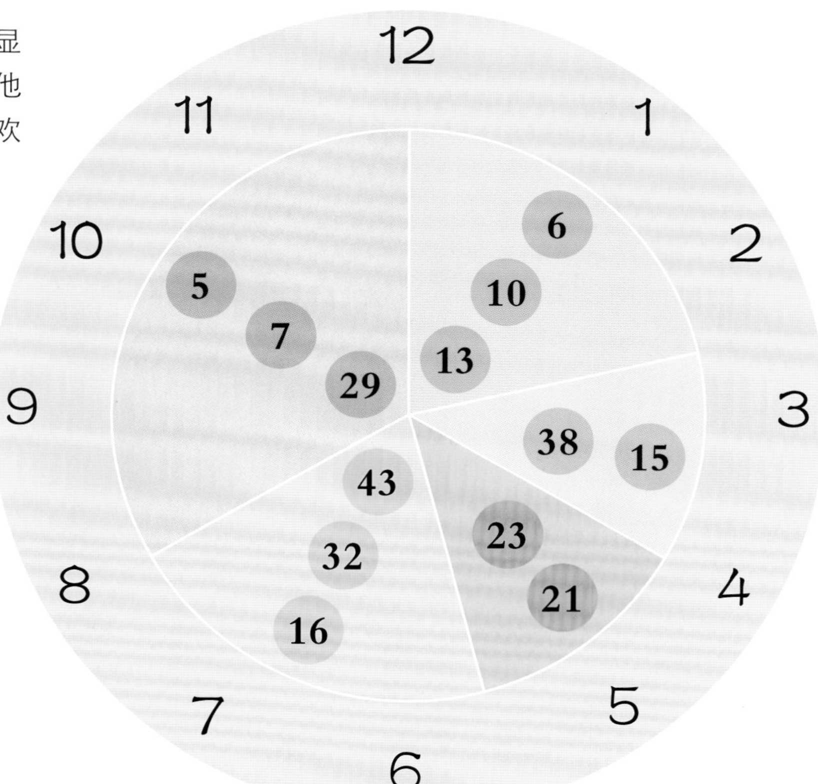

“不停地重复节奏”

友善

宝宝对你以及他熟悉的人有很深的感情，喜欢拍打或亲吻你。你应该给他足够的拥抱和亲吻，并继续给他做婴儿抚触。他对其他宝宝也感兴趣，会伸手去抚摸他们。现在可以给宝宝介绍玩伴儿了。

适合的道具：形象可爱的玩具

智力

现在宝宝懂得“是”和“不”的含义，并且经常会用到它们。你应该在使用“是”的时候表现出特别积极的态度，而说“不”的时候要格外小心。不要把说“不”变成一种机械反应，因为宝宝很快就会发现你只是在摆摆架子。同时，要习惯把“是”变成一种庆祝仪式。

语言能力

现在宝宝已经能够发出包含两个音节的声音。你可以给宝宝朗诵童谣，因为童谣总在重复一些词汇，同时，记住要重复宝宝说出的每一句“话”。你可以经常跟他一起读书，一起做看图说话的游戏。

适合的道具：图书

⑮“不倒翁”游戏

在出生后的最初几个月里，宝宝的一切身体活动都有助于他将来学习走路。在“宝宝技能指南”中，宝宝在早期就学会了控制头部的活动，如果不具备这种能力，宝宝将永远不能学会走路。同样，加强躯干的力量也至关重要，只有躯干有力量了，宝宝才能弯曲和翻转身体，为学会爬行做准备。宝宝先学会从趴着的姿势翻成仰着的姿势，因为由仰着向趴着翻难度更大些，通常要晚几周。

技能培养

通过“不倒翁”游戏可以帮助宝宝培养以下技能：

• 翻身能力 • 活动性 • 力量 • 协调能力 • 冒险精神 • 好奇心

向爸爸翻滚

躺在宝宝的旁边，叫着他的名字，让他向你的方向翻滚过来。记得成功后，给宝宝一个热烈的吻。然后，从相反的方向再重复上面的游戏。

转身

把宝宝放在地板上，让他的脸背对着你。叫着他的名字，鼓励他转向你。之后，从相反的方向再重复一遍。宝宝成功了，记得表扬他。

寻找玩具

把宝宝放在地板上，让他背对着一个他喜爱的玩具。喊宝宝的名字，引导他转身来抓玩具。如果他成功了，把玩具送给他。

全家人的乐趣

当宝宝可以自如地翻身后，你可以做同样的动作给他看——和宝宝一起在房间里翻滚。因为如果和爸爸妈妈一起玩的话，宝宝会觉得更有意思。

7~10 个月

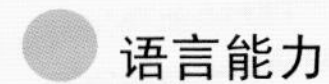

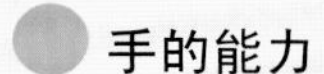

16 宝宝的百宝篮

从大约第八个月起，宝宝手的灵活性开始真正地提高。此时，宝宝喜欢往容器里面张望，并试图探究里面究竟装着什么。你可以用篮子或布袋给宝宝做个百宝篮或百宝囊，让他探究里面的内容。

百宝囊

收集一些小巧、有趣儿的物品，如用完的棉线卷轴、贝壳（注意边缘不能太锋利）、松球、不同形状的积木、球、能发声的玩具、可爱的毛绒玩具，或者一些衣物，如袜子和手套等。把这些物品统统放进一个容易打开的、质地柔软的袋子里，如海绵袋或者是小枕头套。在宝宝面前晃动一下袋子，让他听见里面物品发出的声响。引导宝宝触摸袋子的外面，然后帮他打开袋子，让他自己取出里面的物品。

取出来，放回去

把事先选好的物品放在一个篮子里面。让宝宝在篮子旁边坐下，让他取出篮子里所有物品，再帮助他把物品放回篮子里。这个游戏不仅可以练习宝宝的抓取技能，还能帮助宝宝练习如何放开手里攥着的东西。

摸物品

与前面的游戏一样，只不过这次要让宝宝自己打开袋子，探究里面的宝藏。宝宝一定会喜欢发现里面每样物品。

技能培养

通过这些游戏可以帮助宝宝培养下列技能：• 近距离观察 • 好奇心 • 推理 • 专注力 • 手眼协调能力 • 动手能力 • 分类整理能力

8~9 个月

第九个月将是一个获得回报的时刻，因为在这个月里，宝宝的个性将真正地表现出来。注意观察，当宝宝：

- 开始游戏或弄出笑话的时候——这个信号表明他正建立起自己的幽默感。
- 固执己见的时候，表明他已经有了自己的主见。

宝宝强烈地希望能够行走起来，因为有那么多的事物要去看、去探索。现在需要把你的房间重新布置一下，适合初学走路的宝宝。

身体活动

坐着已经不能满足宝宝了——他迫切希望能向前移动自己的身体，并且希望自己能站起来。肌肉的发育足以让宝宝完成下面的动作：

- 能够**坐**相当长的一段时间——大约 10 分钟。
- 身体能**向前靠住**而不跌倒，尽管现在他还不能斜靠或转动腰部。
- 如果想拿到什么东西，会**不达目的不罢休**——会尝试挪动身体，虽然仍掌握不好平衡。
- 可以**一骨碌**坐起来，并通过翻身四处挪动。
- 如果你让宝宝趴下并让他朝你的方向过来的话，他可能会试着**爬过来**。如果他不是向前而是向后爬，你也不用吃惊，因为他的大脑还不能准确地支配肌肉。
- 可以扶着栏杆在小床里**站起来**，但是他可能会一下子跌倒，因为他还不能掌握平衡及很好地控制身体。

指示事物

用手指指示物体是**宝宝发育的一个重要里程碑**。在 10~12 个月的时候，宝宝能用食指和拇指捏起小的物体，而对食指的控制是掌握这种手指技能的第一步。**给他一些小东西**，如葡萄干或熟豆子，让宝宝练习捡东西，锻炼手眼的协调能力。

语言能力

宝宝的发音越来越像说话。在这个月里，他：

- 开始有了新的发音并使用辅音，如“t”和“w”。
- 会试着**模仿你说话的语调**。
- 咿咿呀呀地说出一些有意义的词——舌头的活动跟真正讲话的节奏和方法一样。
- 当爸爸在场的时候，会频繁地说出“大大”——说明他正在学习**让单词和意义相吻合**。
- **大声喊叫**来吸引你的注意。
- 知道“再见”的含义。

智力

宝宝已经有了坚定的意识，知道自己是谁、如何适应他的世界。因此他：

- 非常善于**表现出**他不喜欢——不愿意洗脸的时候，他会把手捂在脸上；不愿意梳头的时候，他会把手放在头上。
- 能够**找出**你藏好的玩具。
- 对特别喜欢的玩具**会集中更长时间的注意力**。
- 当你希望他做某事时，他能够**理解**你的意图，比方说伸出手来让你洗。

手的能力

宝宝抓取东西的技术越来越好。他控制小物件的能力也逐渐提高，下面的举动很好地说明了这一点：

- 试图**翻书**，尽管经常会一次翻过好几页。
- 非常夸张地用手**指出**他想要的东西，用专横的声音来**表达**他的要求。
- 可以一手**拿**一块积木，相互撞击。
- 更多地用手而不是用嘴巴来**探究玩具**。
- 用拇指和其他手指拿起物体。
- 用拇指和其他手指**抓起**体积小的食物，像葡萄干或豌豆。

"拍蛋糕，拍蛋糕"

友善

宝宝的**个性**日益显露——他也许是安静的，也许是焦躁的、吵闹的、坚定的、易怒的、敏感的等。无论他是哪一种性格，他：

- 尽管已经可以自己玩得很好，仍然**喜欢加入**你所做的每件事情中。
- **很享受与你一起玩的时光**——玩滚球、拍玩具或者"拍蛋糕"等游戏，并**期待**着某种行动。
- 当某人要离开的时候，能够理解其意思，并且可以**挥手**说"再见"。
- 喜欢**开玩笑**，喜欢玩**戏弄人**的游戏。

第九个月的“黄金时间”

智力　语言能力　身体活动　手的能力　友善

到了这个月末，宝宝应该会爬了——你应该通过一些能锻炼身体的游戏和热情的鼓励来帮助宝宝实现这个重大变化。

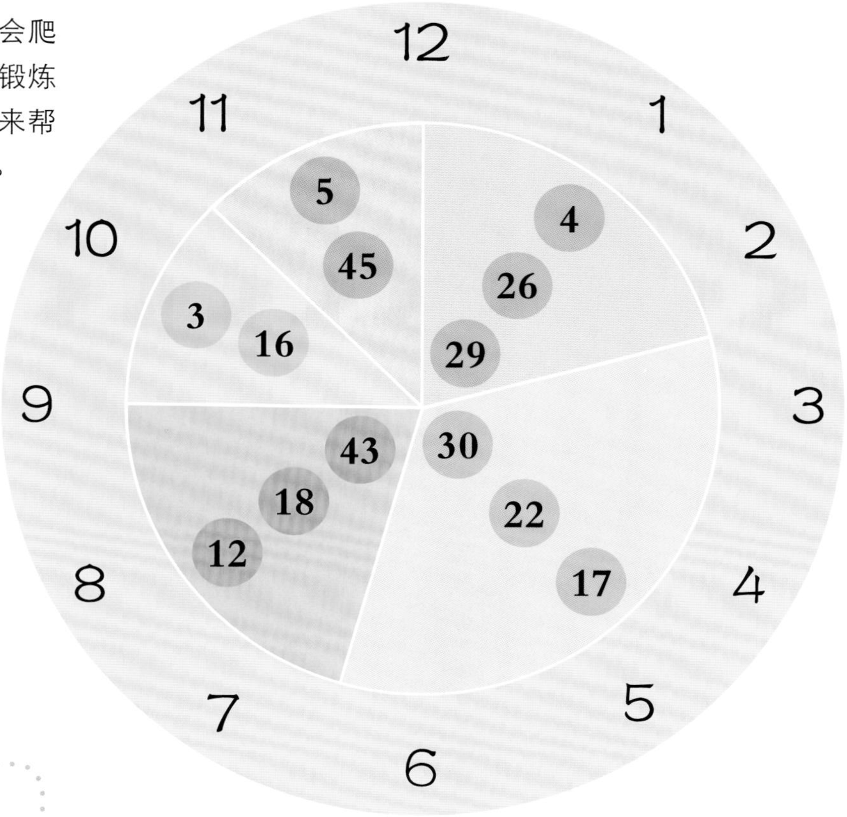

12 1 2 3 4 5 6 7 8 9 10 11

4 26 29 30 22 17 43 18 12 3 16 5 45

“一起分享笑话”

语言能力

当某人离开的时候，你不断地重复说“再见”，并挥手示意。注意：描述和示范所有的事情。

友善

试着玩一些需要合作的游戏，例如滚球、拍手或“藏猫猫”等。

手的能力

用“你想要什么？”“爸爸呢？”之类的问题鼓励宝宝指认物体和人。和宝宝一起看书的时候，用手指点书上的图片，并鼓励宝宝模仿你的动作。给宝宝示范，如何把一块积木搭在另一块的上面，因为现在他已经具有抓东西的能力。

适合的道具：图书、积木

身体活动

宝宝渴望移动自己的身体，因此，你可以把玩具放在离他稍远的地方，这样他就必须移动身体才能够到它。你也可以坐在离开宝宝一段距离的地方，朝他伸开双臂。现在宝宝已经可以坐得很好了，你可以和他一起坐在地板上玩耍。鼓励宝宝自己借助家具站立起来，你也可以扶着他让他自己站立起来。

17 有趣儿的隧道

隧道游戏可以鼓励宝宝爬行，并增强他的冒险精神。开始，宝宝可能会感到紧张，不过很快他就会喜欢通行于家庭自制的隧道了，特别是当你在隧道的另一端等着给他一个拥抱时！

技能培养

通过隧道游戏可以帮助宝宝培养下列技能：• 爬行 • 灵活性 • 好奇心 • 冒险精神 • 决断力 • 成就感 • 对“在下面”和“通过”概念的理解

制作隧道

隧道不用太长，临时搭建即可。你也可以从玩具店买回来，但是你会发现那些隧道对 1 岁以下的宝宝来说稍微有点儿长了。你只需要在两把椅子中间空出合适的距离，椅子背靠背摆放，然后在椅背上搭上一条被单即可，也可以用纸箱代替椅子。此外，你还可以把一个纸箱放在地板上，打开箱子盖和箱子底。需要确保宝宝能够方便出入其中。

和宝宝一起探险

你趴在宝宝的旁边。先将半个身子探进隧道里面，然后回过身邀宝宝加入游戏。如果宝宝不肯，不要勉强他。如果他愿意加入，给他一个热烈的拥抱，并告诉他，他正和妈妈一起穿越秘密山洞。

藏宝

在隧道中间放一些宝宝心仪的玩具，让他爬进隧道去“寻宝”。你到隧道的另一端，叫宝宝向你爬过去。

穿越隧道

把宝宝放在隧道的一端，你坐在隧道的另一端。鼓励宝宝爬过整条隧道，并夸奖他是“聪明宝宝”。

妈妈变成隧道

当然，你大可不必搭建出一条隧道。你可以四肢着地，用身体做成隧道，然后让宝宝从你身下爬过，或者让宝宝爬过你的双臂和双腿。宝宝一定喜欢这个游戏！

18 葡萄干的踪迹

这些游戏可以练习爬行，而且能够让宝宝从中获得奖励，因为在游戏中的每一步，宝宝都能够得到一些美味的（和健康的）食物吃。这些游戏可以训练宝宝用**手指指物**的能力，并且锻炼宝宝**用拇指和其他手指抓取**小件物品的能力，例如葡萄干。

技能培养

这些游戏可以帮助宝宝培养下列技能：• 用手指指物 • 用手指夹取物品 • 手眼协调能力 • 手的控制能力 • 近距离观察能力 • 识别能力 • 专注力 • 执着精神

8~9个月

用手抓食物

在宝宝餐椅的托盘里放些体积较小的食物，如葡萄干、豌豆或者甜玉米粒。每样食物间隔2厘米左右，以便宝宝看清楚。指着每一种食物，叫出名字。宝宝可能还不能把它们逐个地捡拾起来，不过他会试图把食物抓在拳头里面送进嘴里。在这个阶段，宝宝能够这样做，已经很棒了。

获取食物

当宝宝能够稳稳地坐在地板上，并且在扭动身体时不会跌倒，你就可以让他坐在一条干净的毛巾或床单上，在他周围撒上葡萄干。为了得到那些在其身后的葡萄干，他必须转过身去。再把一些葡萄干放在他面前够不到的地方，训练他向前移动身体。

9~12个月

捡葡萄干

这个阶段的训练就是把葡萄干沿一条直线摆放在地板上，每隔40厘米放一颗。鼓励宝宝慢走或者爬行去把它们都捡起来。

捡葡萄干比赛

当宝宝能够非常自信地爬行后，你可以把葡萄干连成一条弯曲的路线，让宝宝去“寻宝”。你也可以四肢着地，和宝宝一起爬，来一场比赛。宝宝肯定会喜欢这个游戏，特别是如果你每次都让他赢。

✓智力
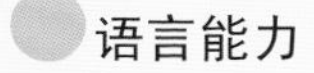
语言能力
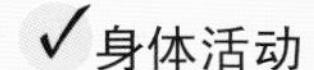
✓身体活动
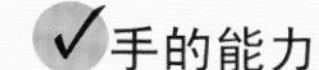
✓手的能力

友善

9~10个月

宝宝10个月大了，他所有的行为都将带给你极大的享受和回报。到这个月底，他:

- 可以睡整夜的觉。
- 喜欢自己吃东西。
- 可以成为一个好伙伴。

"妈妈，爸爸"

友善

宝宝现在不愿意被置于家庭活动之外，因为他：

• 乐于参加一切**社交活动**——问候、道别和进餐等。

• 进餐时，**喜欢坐到餐桌旁**，并且试图作为**团队**的一员"加入"集体谈话。

• 会通过敲勺子**引起你的注意**，或者把盘子顶在头上以示炫耀，不过，宝宝将开始跟随你的示范，学习餐桌上的正确举止。

• 当你吃饭的时候，他非常骄傲也能够**自己吃饭**。

现在，宝宝可以“离开”你了！他不停地四处爬行，在强烈的好奇心驱使下，他不断地向前、向后……

身体活动

现在，宝宝真正开始活动他的身体了，他：

• 能很容易地、自信地**自己站起身来**，并能很好地保持身体平衡。

• 可以**爬行**或匍匐而行，依靠双手拖动身体向前移动，但他爬行的时候，腹部可能还不能完全离地。

• 可能把爬行和匍匐而行混为一谈，但是无论他如何挪动身体，都能够**自信地移动**。在他坐着的时候，能够依靠双手和膝盖向前爬行。

• 喜欢自己**运动**——宝宝会来回翻滚，让自己坐起来，站立，然后又坐下。

• 几乎可以很好地控制由站姿到坐姿，而不会再跌倒。

宝宝正在**学习如何保持身体平衡**，因为他：

• 开始扭动躯干**试图转身**，但是还不十分自信。

• 能够从趴着的姿势变成站立的姿势，并从站立变为趴下。

• 在坐着的时候能够很好地保持平衡。

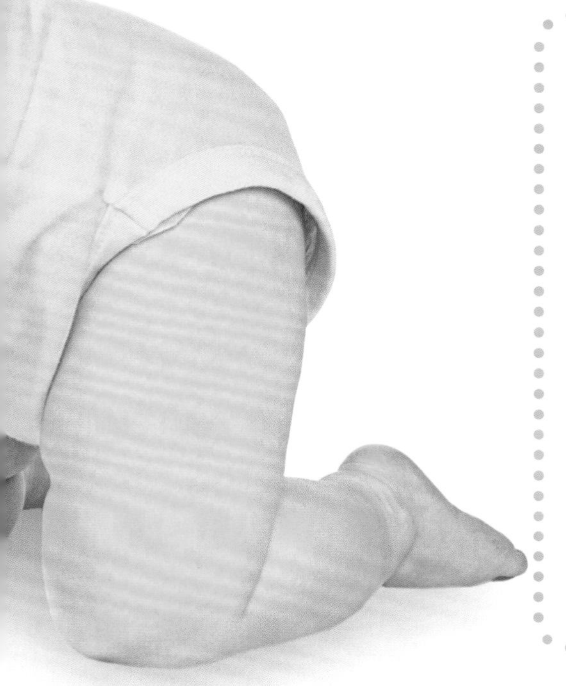

语言能力

宝宝现在已经知道语言不仅仅意味着声音的变化。下面的事实能够证明他的这一项新本领：

• 宝宝能够**理解**很多单词和话语的准确意义，尽管他还不能说。

• 学会叫“爸爸”以后很快会叫“妈妈”，而且妈妈在场的时候他叫“妈妈”的次数比妈妈不在场的时候**更多**。

• 宝宝似乎要**开始学习说话了**。

• 到第十个月末，宝宝应该可以说出**有意义的单词了**。但是，如果他还不能说话你也不用担心，因为这个阶段理解含义更为重要。

智力

宝宝现在非常乐意表现他的理解能力。现在他：

• **对日常琐事变得熟悉起来**，并且喜欢做这些事。

• 当你拿出他的袜子时，他会主动把脚抬起来，而且知道将胳膊抬起来伸进大衣的袖筒。

• 当你说“再见”的时候，会跟你**挥手**道别。

• 认识他最喜欢的毛绒玩具，当你说“好可爱的小熊”时，宝宝会轻轻**拍打**和**抚摸**小熊。

• 对于他熟悉的儿歌和游戏，能够**记住节奏**和整套的动作。

• **喜欢发声的玩具**——他会**仔细观察**并试图找出声音的出处。

• 会拽你的衣服以**吸引你的注意**。

“爸爸在哪儿?”

坐车出游

从现在开始，你会发现，在和宝宝长途旅行时，你需要想办法让他**保持心情愉快**。你可以在盒子或袋子里放一些有趣儿的、安全的玩具，例如，一捏就响的玩具、积木、图书等，给宝宝一个“百宝箱”或“百宝囊”让他去发现。另外，还可以放些音乐或者指着车窗外有趣儿的景物给宝宝看。

手的能力

现在，宝宝能做很多事情，他：

• 用食指带动手掌，准确地**伸手拿起**较小的物品。

• 能够完全掌握用拇指和其他手指抓东西的技能，并且相当**准确**。

• 拥有很好的**手眼协调能力**，能轻而易举地拾起小的物品（你一定要注意放在他周围的物品）。

• 喜欢“**扔下和拾起**”的游戏，宝宝已经能够松手了——他会不断地把玩具从他的椅子上扔下去，然后盯着它们掉到地上；即使玩具滚出了视线，宝宝也知道它们的去向，还会大叫着指挥你，让你把它们找回来。

• 喜欢**翻看**袋子和盒子，会不停地把东西拿出来再放回去。

第十个月的“黄金时间”

智力 语言能力 身体活动 手的能力 友善

各种技巧现在开始融合在一起——**智力**帮助宝宝理解语言和友好待人。他能够自由地活动，手眼协调能力使得他能够弯腰捡起较小的物品。

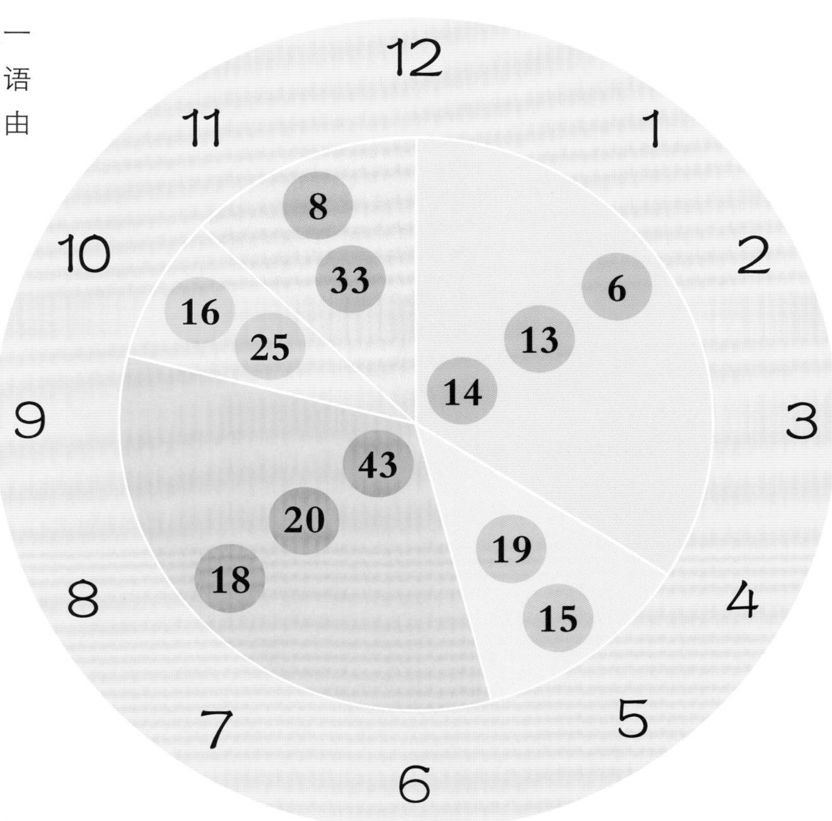

“不断地问一些简单的问题”

手的能力

到目前为止，宝宝学会的最棒的手部运动——用拇指和食指**夹取**物品，在这个月将更趋完美，因此可以给宝宝一些安全的小物品来练习。现在宝宝对双手有足够的**控制能力**，可以松开或小心放下物体。因此，可以给宝宝一个“百宝篮”用来拣选“宝物”。

适合的道具：**篮子、积木**

语言能力

宝宝正在**牙牙学语**，所以你应该和他一起咿咿呀呀地说个不停。你可以问他很多简单的问题，或者朗读童谣来提高宝宝**对词语的理解能力**。重复他说过的一些单词，例如“爸爸”，但要正确使用其含义——比方说“是的，爸爸在这里”。

适合的道具：**图书**

身体活动

宝宝现在可以**爬得很好**，如果你用同样的速度和他一起爬，你会累坏的。可以在客厅或花园草地上搭出比赛跑道，玩爬行比赛的游戏。

19 穿越障碍

这些游戏可以帮助宝宝建立自信心，在学会站立和走路之前可以鼓励他调动整个身体以锻炼平衡性和灵活性。宝宝的四肢能敏捷地着地，并且可灵活地变换成“螃蟹”的姿势，通过这种学习和锻炼，他能自如地独自站立。在这个过程中，他必须利用双臂和双腿来调动整个身体。你会发现，宝宝能够非常灵巧地爬过或绕过障碍物，并且会非常自豪地向你展示他的这项本领。

安全提示
需要确保“障碍物”是质地柔软、不易倒塌的，而且不能太高。宝宝翻越“障碍物”的时候，你必须一直在他身边。

技能培养

通过“穿越障碍”游戏，可以帮助宝宝培养下列技能：• 灵活性 • 自信心 • 协调性 • 平衡性 • 力量 • 爬行 • 站立 • 行走 • 探索精神

翻山越岭

在地板上摆放一排靠垫，两侧摆放沙发或椅子等作为“障碍物”。你和宝宝分别坐在靠垫的两端，你叫着宝宝的名字并向他伸出双臂。宝宝将向你爬过来，但可能会在靠垫周围曲折前行。重复上面的游戏，不过这一次你要教给宝宝如何翻越“障碍物”。

翻越“障碍物”

用沙发靠垫和其他家具搭出一条障碍路线。把沙发靠垫摆放一圈，其中一些放在地板上，另外一些放在沙发的背面。这样宝宝就可以被引导着爬上爬下地完成整条路线。

双脚站立

你坐在沙发上，鼓励宝宝手扶着沙发站起来。对他说：“站起来，爬到爸爸这里来，你是个聪明的宝宝，对吧？”一旦宝宝自信地扶着沙发站起来，你再移到另外一个座位上，向宝宝伸出手臂，鼓励他向你走来。

⑳ 在沙坑里玩耍

技能培养

这些游戏可以帮助宝宝培养下列技能：• 触觉 • 手眼协调能力 • 手部控制能力 • 好奇心 • 做实验 • 对“空”和“满”概念的理解 • 建构能力 • 创造力 • 想象力

对宝宝来说，触摸沙子着实是十分奇妙的游戏，这将教会他很多概念。他可以把沙子装在容器里面，然后再倒出来。如果沙子是湿的，宝宝还可以用它**做出馅饼和城堡**，然后再把它们推倒重建。和玩水相比，玩沙子的好处就在于宝宝不会弄湿身体，而且粘在身上的沙子很容易被清理干净。当宝宝第一次接触沙子的时候，你应该给宝宝**解释并演示沙子的特点**——细小的颗粒、具有流动性、可以堆积，湿沙子和干沙子各有什么特点等。

沙子带来的乐趣

把沙子弄湿，用玩具杯子或沙滩桶做出一排馅饼。一起数出馅饼的数量，如果你用的模具大小不等的话，告诉宝宝哪些是大馅饼，哪些是小馅饼。然后，让宝宝把它们推倒——宝宝喜欢用拳头和手掌把沙雕夷为平地。再做一次馅饼，这一次让宝宝帮你把杯子填满，把馅饼倒在沙地上。

沙造景观

沙子和泥土相似，因此你可以用沙子建造各种各样的东西。用沙子和玩具建造出室外的景致，例如花园。你可以在花园里放置一些玩具人偶和动物，用积木搭建出房子，还可以放些鹅卵石、树枝、树叶和鲜花。

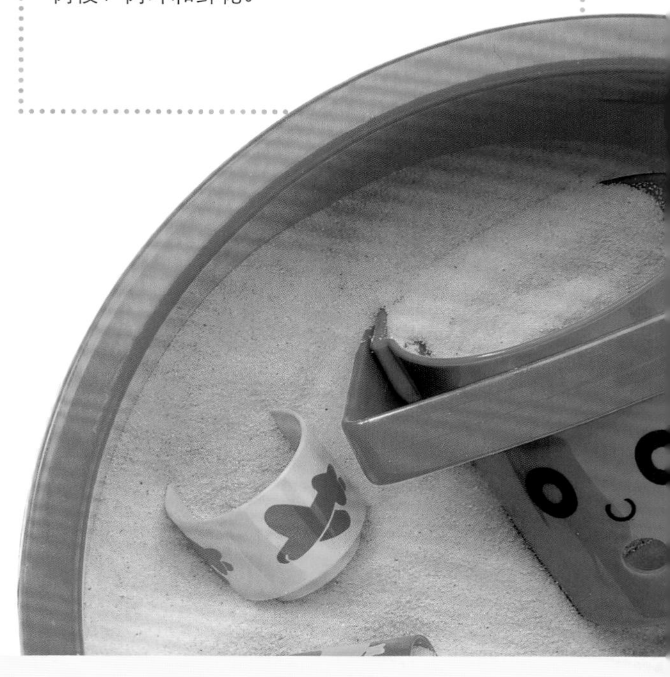

安全提示

要使用为儿童特制的沙子（可以在玩具店买到）。确保宝宝不把沙子放进嘴里。如果你的沙坑建在室外，要把表面覆盖起来，以免猫咪进到里面。如果宝宝不慎把沙子弄到眼睛里面，不要让他揉眼睛。让宝宝轻轻地抬起头，用清水给他冲洗眼睛。

10~11个月

在这个阶段，不同的宝宝在身体和智力上的发育可能会大不相同，这都是正常的。这时候你会发现你的宝宝和其他同年龄的宝宝有很大的不同，尽管如此，宝宝：

- 虽说还没开始走路，但已开始为此做准备了，在你的扶持下或者依靠家具的支撑，他已经可以迈开腿“漫步”了。
- 看上去开始像儿童而不再像婴儿了。
- 成长发育的速度特别快。

语言能力

尽管宝宝还不会说话，但是你会发现他的理解能力正飞速发展，因此，他：

• 试图说出一两个**带意思的词语**，如猫、狗。

• 当你问“鸭子在哪里”时，他会用手**指出**图片上的鸭子。

• 当你问“鸭子怎么叫”时，他会**学出鸭子的叫声**。

• 对于一些简单的问题，例如“你想喝水吗？”、“还要吃吗？”等，可以用**点头**或者**摇头**的方式表明“是”或“不是”。

智力

宝宝对概念的理解和认知更敏锐了，因此他：

• 会**指出**书上的某个熟悉和喜欢的事物。

• **知道**书上的小猫、玩具猫和奶奶的宠物猫都是猫，尽管它们长相有差异。

• **喜欢玩关于反义词的游戏**——冷／热、粗糙／细腻、圆形／方形、大／小——特别是当你能形象地表现出这些概念的时候。

• 看书的时候只能**在短时间内集中注意力**，希望能很快地翻页。

• 开始学习**“因果关系”**——把积木扔掉，你会把它捡起来；敲敲鼓，鼓就会响；摇摇玩具，玩具就会发出声音等。

• **喜欢**把东西放进容器里再拿出来，喜欢洗澡的时候把容器注满水再将水倒出来。

宝宝很可能已经可以站立并开始迈步。那至关重要的第一步就快要到来了，在此之前，宝宝还需完善他的平衡力和协调力。

安全提示

宝宝开始学走路了，你要准备好处理他的擦伤或撞伤，当他**跌倒**时，要知道如何安慰他并帮他恢复信心。最好把家里家具锋利的边角包起来，并检查所有家具的稳固性。最好搬走一些碍事的家当，以便给宝宝提供一个**宽敞的活动空间**。

身体活动

大多数时间，宝宝总是试图站起来，而且他：

- 尝试性地练习多种**走路动作**，当他扶着家具或你的手站立的时候，他会抬起腿做踏步的动作，甚至可能会跺几下脚。
- 可以将腹部离开地面，快速地用四肢**爬行**。
- 坐下的时候，身体能够往一边**倾斜**而不至于倾倒。
- 可以向后**转动身体**以便拿到身后的物品，而且仍能保持身体的平衡。
- 到这个月的月末，可以扶着家具**踱步**，去接近某个物品或人。

和宝宝一起游泳

宝宝已经 10 个月大了，他现在非常活跃，需要释放身体里的能量，不过这一点有时候很难做到，比如空间受限或者由于天气原因而不能出门。游泳是一项**很好的运动**——如果你慢慢地把宝宝放入游泳池，他通常会很喜欢那里。很多公共游泳池都在固定时间对父母、婴儿或初学走路的孩子开放，你们可以一起**享受水花带来的快乐**。

手的能力

手和手指的活动能力有了长足的发展。宝宝：

- 可以用手指**翻动**用厚纸板制成的图书。
- 如果你向他要求，他会把一块积木放在你的手里。到了月末，他就能够**松手**让积木掉在你的手里——可以通过游戏或生活中的日常行为来鼓励宝宝练习“**给**”和“**拿**”，例如：“让妈妈尝尝你的面包。谢谢！现在，你可以尝尝妈妈的面包啦”。
- 可以根据你的要求，准确地**把球滚到你的脚下**，并可以用手灵巧地让球对准正确的方向滚动。
- 开始能够把积木填到正确的空格里。

友善

无论你在做什么，他都希望能够帮助你和协助你。例如他：

- 会**模仿**你做家务——如果你给他一块布，他会试图把座椅擦干净。
- 试图**帮助你给他自己穿衣服**，或者当你给他换尿布时，他会把尿布递给你。
- 模仿你喝茶、梳头和刷牙的样子。
- **喜欢和你一起做事情**，无论是看书，还是购物、在床上躺着或者在花园里玩耍。
- 如果你把他和另一个宝宝放在地板上，他们会**很高兴地在一起玩耍**。

第十一个月的“黄金时间”

智力　语言能力　身体活动　手的能力　友善

宝宝现在已经能理解你所说的话，并了解他周围的世界，尽管他还只能用简单的几个单词来表达自己。他会试图模仿你，希望能够参与你正在做的事情。因此，可以在“黄金时间”来满足他的愿望。

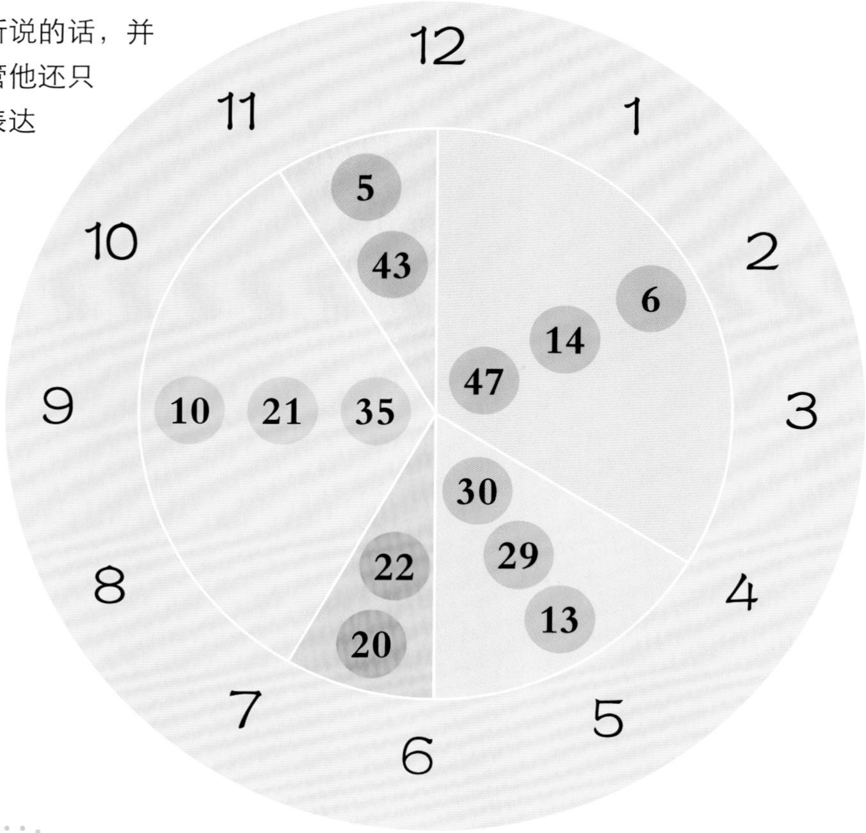

12 1 2 3 4 5 6 7 8 9 10 11

5 43 6 14 47 10 21 35 30 29 13 22 20

“不停地给宝宝讲故事”

语言能力

宝宝现在可以点头或摇头，你可以在做事情的时候问他一些简单的问题，并鼓励他用身体语言来回答。你也要点头、摇头，以便让宝宝模仿——现在他深谙此道。另外，宝宝还能理解简单的故事情节，你可以绘声绘色地讲故事给他听。

智力

他开始明白一些概念的含义，诸如反义词、因果关系等。玩水和玩沙的游戏能教给他关于“体积”的概念以及固体和液体的属性。宝宝能够翻书了，因此可以安静地看一会儿书。

适合的道具：书、洗澡玩具

身体活动

宝宝能够站起来，扶着家具踱步了，因此可以用一些物体给他搭出通道，或者扶着他的双臂鼓励他行走。非常具有冒险性！你要多给他鼓励以增加他的自信。

21 比较和分类

把不同的物品归类或者找出一对或者一组相匹配的物品，对成年人来说也具有一定的难度，而宝宝第一年就掌握了这种技能。掌握这种技能非常重要，因为它是**推理和做出决策的基础**，同时也是进行阅读的重要的第一步。

技能培养

这些游戏可以帮助宝宝培养下列技能：• 辨别相匹配的事物 • 发现差异 • 观察力 • 辨别图案的能力 • 专注力 • 推理能力

把动物进行分类

找一本印有动物图片的书，图片中最好带有动物爸爸、妈妈和宝宝。给宝宝指出牛、马和狗都有四条腿，而鸟类只有两条腿，或者告诉宝宝牛、马和狗长的是皮毛，而鸟长的是羽毛。

找出相同之处

告诉宝宝日常用品之间的相同之处："宝宝的杯子和勺子都是红色的。""苹果和橘子都是圆的。"

认识形状

只要物品的形状差别较为明显，宝宝就能够发现它们的不同。用剪刀剪出不同的形状：三角形、方形、圆形等，然后让宝宝从中挑出相同的形状。

信箱

在用硬纸板制成的箱子上挖出形状各异的洞，制成一个玩具。可以帮助宝宝练习找出相同形状的技能，还能训练宝宝的动手能力，因为他必须把纸片贴到形状与之相同的洞上面。

6~12 个月 ✓智力 语言能力 ✓身体活动 ✓手的能力 友善

22 盖房子

学会使用锤子钉钉子，要求宝宝具备许多从第八个月起应该掌握的技能。宝宝在敲打东西的时候，必须活动他的整个身体，而成年人则能够更准确地完成诸如敲手指这样的动作。要想达到这样的准确程度，宝宝必须首先学会支配肩膀、手臂、手腕和手。练习使用锤子敲积木是锻炼手部灵活性的手段之一。

技能培养

这些游戏可以帮助宝宝培养下列技能：• 抓取 • 手眼协调 • 瞄准 • 力量 • 肩、臂和手的协调 • 空间识别 • 创造性

叠手掌

把你的手掌平展开，把宝宝的一只手掌放在你的手掌之上，再将你的另外一只手掌放在宝宝的手掌上，这时宝宝会把他的另一只手掌放在你的手掌上。然后，抽出你放在最下面的手掌放到宝宝的手掌上。宝宝需要一些时间才能理解其中的要点，不过他一定会非常喜欢这个游戏。

木楔固定器

当宝宝抓取物品的技能稳定后，你可以买一只玩具的木楔固定器和一把木槌。给宝宝演示如何把楔子敲进孔中，然后鼓励宝宝做。宝宝一定会喜欢模仿你的动作，并且很快就能控制木槌，自己把楔子敲进孔里。

跟上节奏

你要鼓励宝宝练习敲击动作，可以在宝宝座椅前面的小桌子或者地板上敲出节奏，并让宝宝模仿你的动作。

制造音乐

给宝宝一只玩具鼓或者小手鼓，让他练习敲击动作。当然，一把木琴或其他打击乐器也同样可以带给宝宝几小时的快乐时光。

智力 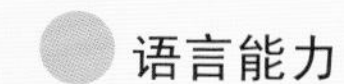语言能力 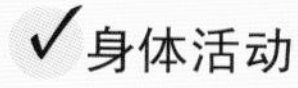身体活动 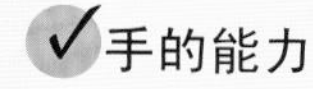手的能力 友善

11~12个月

宝宝即将迎来他的第一个生日，此时，你可以回想一下他所经历的这些惊人的进步。想当初，他无助、虚弱、只有几磅重，现在，他：

- 强壮得已经能站起来，甚至还能走上几步。
- 能自己吃饭。
- 理解你所说的话，并且试图跟你对话。
- 喜欢开玩笑，非常喜欢和你一起做游戏。

你已经看到，可爱的宝宝正在成长为一个活泼、开朗的一岁儿童。作为家长，你马上就要完成哺育婴儿的第一年了——干得不错！

一次做一件事情

这一阶段，“宝宝技能指南”当中的很多技能，宝宝都将熟练掌握。如果宝宝在某一方面技能超前，而另一方面技能显得滞后，你也不必担心。因为如果宝宝把所有的精力都花在走路上，自然就没有时间学说话了。相反，如果宝宝开始聊天、学习物品的名字，当然有可能推迟学习走路。

智力

你也许会发现宝宝的行为在第十一个月和第十二个月没有什么大的不同，但事实上却有很多变化。现在，他：

- 眼睛能够**跟随**快速运动的物体。
- 在几米以外，就可以**判断**物体尺寸上的不同。
- 对事物做出的反应会受到**记忆力**和经验的影响。
- 可能开始**玩一些幻想游戏**，例如假装从杯子里喝水。
- 能够**听完**一小段故事。
- 会完全**被图书吸引**。
- 做“因果关系”**实验**——把一个玩具淹没在澡盆里，等它突然再次浮出水面。

友善

宝宝现在知道态度友好的力量，知道何时给予或拒绝这种友善的表达。例如：

- 当别人要宝宝**亲吻**时，宝宝会给予回应，但是如果他不愿意，也会拒绝。
- 宝宝会**表达多种情感，特别是爱心**，他会轻轻拍打小狗、亲吻妈妈、拥抱爸爸等。
- 见到陌生人时容易害羞，**喜欢一家人在一起**，一起驾车出游或一起推着他的婴儿车外出。
- **喜欢到人群之中**，特别是和其他的宝宝在一起玩。不过，在他觉得有足够自信去跟其他宝宝玩耍之前，会一直抓住你不放。他还会经常观察你是否在场，如果发现你突然不在了，他还会哭起来。

手的能力

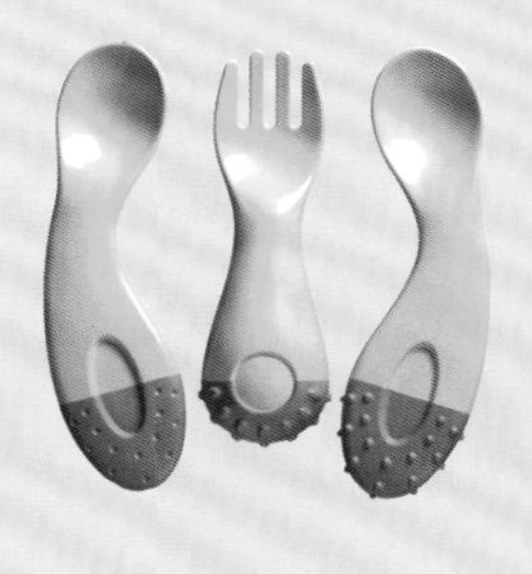

随着腕骨的发育，宝宝的双手变得更加灵活，他：

- 用勺子把东西送到嘴里的准确率更高，因为他已经学会**转动手腕**，以便使勺子对准嘴巴。
- 不再把所有捡起来的东西统统放进嘴里；对现在的宝宝来说，物品的**手感**更为重要。
- **扔东西**的技巧很高。
- 能用一只手拿起两块积木。
- 随着手眼协调能力和稳定性的提高，宝宝可以准确地把一块积木放在另一块上面，**搭成**一个“积木塔”。
- 能够拿起蜡笔，如果你教他如何用蜡笔，他将尝试“**涂鸦**”。

身体活动

宝宝一岁的时候或许已经可以走路了，但是如果他一岁半才开始走路也不要觉得奇怪，特别是当他已经能够爬行以后。现在：

- 他也许会发明一种新的爬行方法——就是手脚并用。爬行的时候，会把腿伸得像熊走路一样，这说明宝宝已经**快要能走路了**。
- 如果你放开他的手，他能够**独自站立**一分钟。
- 如果你叫着他的名字并鼓励他松开扶着的家具，宝宝可以**蹒跚地向你走来**。如果你把家具挪得稍远一些，他**会努力跨越障碍**，从而获得行走的信心。
- 如果你握着宝宝的一只手，他就能够行走。
- 可以**推着**婴儿车在地板上走几步。

语言能力

宝宝现在真的要开始说话了，他：

- 能**说出两三个有意义的单词**，还会模仿**动物的叫声**。
- 开始使用一些“**术语**”——当你和他在一起时，他会模仿你对别人讲的话或者模仿你不停给他讲的一些解释性言语——你会听到长长的、**无规则**的声音此起彼伏，都是些奇怪的解释性话语。
- 他已经完全掌握了用点头或摇头表示“是”或“不是”。
- **明白**一些简单问题的意思，例如“你的鞋呢？”或者“书呢？”并且会去寻找这些物品。
- 不再大量地流口水，说明他正在**学会控制舌头**、嘴巴和嘴唇，说明他**准备要说话了**。

第十二个月的“黄金时间”

智力　语言能力　身体活动　手的能力　友善

宝宝马上就要蹒跚学步了，“**走路**”和“**说话**”这两个重要的成长里程碑已经到来或即将出现。因为这些重要技能的掌握，其他方面的本领或许会稍后才有发展。

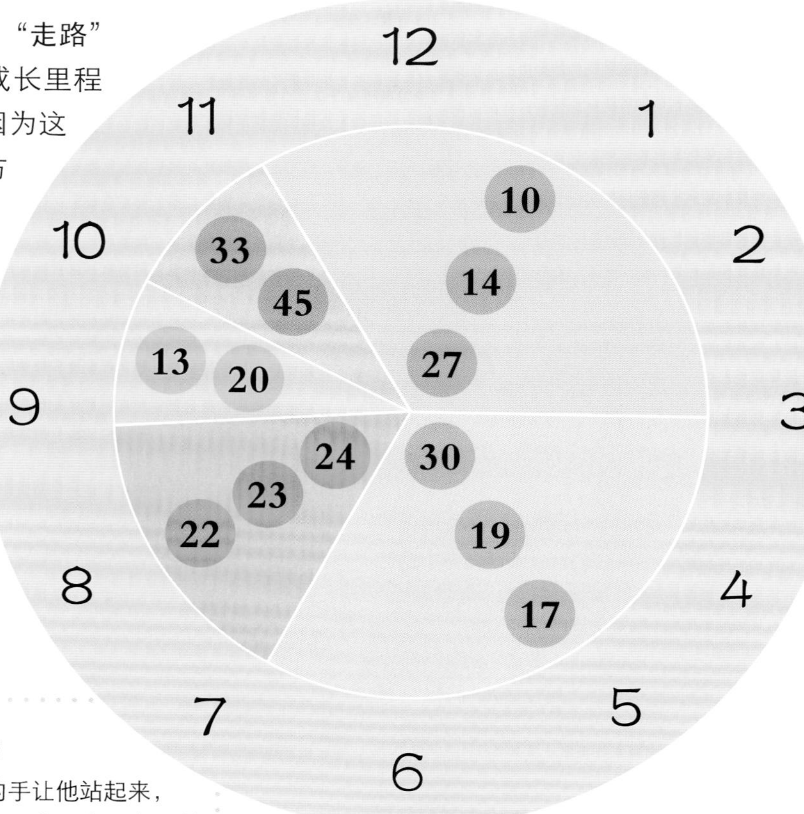

“帮助宝宝交朋友”

身体活动

帮助宝宝**独自站立**——拉着他的手让他站起来，然后让他松开你的手。当然，你一定要在一旁看着他！你还可以让宝宝一手推着婴儿车走路，或者把他踱步时借助的家具都移到离他稍远一些的地方。宝宝很快就能**自己走路**了。

语言能力

鼓励他使用那些他**新学会**的单词，你可以**重复**讲故事、说童谣，**反复**做问答游戏、拍手游戏以及放音乐和木偶戏。

适合的道具：**图书、木偶、磁带**

手的能力

现在，宝宝**手眼协调能力**非常好，因此他希望能够**自己拿勺子吃饭**。应该允许宝宝这样做，当他成功的时候要表扬他。不要介意由此带来的混乱！

友善

宝宝**喜欢和自己一样大的宝宝**，因此你可以邀请其他小朋友与宝宝**一起玩耍**，或者带他参加一些亲子活动。

23 厨房里的打击乐

这些游戏可以满足宝宝喜欢敲击东西的天性和对有节奏感的声音的偏爱，同时游戏非常简单，在你的厨房碗柜里就能找出大量可用的道具。例如宝宝可以一手拿一把木勺或者双手拿锅盖，当作镲一样来敲击。通过敲击不同材质的物品，宝宝能够学会辨别低音和高音，而且，他还能学会用两只手同时工作。

技能培养

这些游戏可以帮助宝宝培养下列技能：• 抓取 • 手眼协调能力 • 手的控制能力 • 力量 • 倾听 • 创造性

煮锅和平底锅

挑选一些安全的厨房用具——平底锅、金属焙盘、木碗、塑料盒、饼干罐，把其中的一些倒扣过来摆放。给宝宝一把木勺或刮铲，给他示范如何敲打这些器皿。然后观察宝宝是否可以自己“奏”出音乐。

打镲！

给宝宝两个重量较轻的锅盖，教他像打镲一样地相互撞击。

鼓槌

把一个洗碗用的盆倒扣在宝宝的面前，用各种各样的工具敲击盆底——木勺、金属勺、洗碗刷子或金属丝做的刷子。给宝宝讲解发出的不同声音，并鼓励他自己反复敲击。

终场演奏会

把锅和其他前面提到的厨房用具摆成一排，不过这次要按照一定的节奏来敲击，来一场厨房管弦乐队的狂欢演奏。

24 绘画魔法

当宝宝的双手变得更加灵活以后，我们可以通过绘画和手指画来提高他的创造力。宝宝会非常喜欢这个制造“混乱”的游戏——用画布和颜料实践手指绘画的好机会。稍后，可以和宝宝一起实验一些“印刷”手法，如果他的手部活动足够灵活的话，可以教他使用画笔。

技能培养

这些游戏可以帮助宝宝培养下列技能：• 手部控制能力 • 手眼协调能力 • “因果关系”理解 • 实验能力 • 建立对“颜色”的概念 • 想象力

探索绘画的奥妙

把宝宝放在高脚椅上坐好。保护好他的衣服、卷起他的袖子，将报纸或塑料布垫在椅子下面。把一些无毒的广告颜料倒在浅盘里。引导他用手指蘸着颜料“作画”。宝宝很快就能理解其中的含义，甚至开始用两只手共同制造出一场可爱的“混乱”。

色彩线条

像上面的游戏一样，只不过这一次加入了其他颜色的颜料。把新加的颜料倒在浅盘的四角，看看宝宝能否用手指画出彩色线条。当然，如果他把所有颜料混合在一起，你也不要感到吃惊——宝宝喜欢这样！

珍贵的印迹

当宝宝的手沾满颜料（这是不可避免的），告诉宝宝如何把手掌印在纸上——你可以保留一张作为珍贵的纪念品！当宝宝大约12个月的时候，试着鼓励他进行作画，可以将半块土豆切成有趣儿的图案，或者让他用小块的海绵或碎布完成绘画。

25 婴儿音乐

研究证明，婴儿**对古典音乐情有独钟**，诸如巴赫和莫扎特的作品，尤其是莫扎特的作品。这些音乐可以刺激大脑中与数学和逻辑思维相关联的东西，帮助宝宝**集中注意力**和**提高说话能力**。选择曲目时应注意挑选那些节奏舒缓且经典的，特别是那些带有弦乐演奏的。你应该**从宝宝一出生就放音乐给他听**，并一直坚持这个习惯。

技能培养

婴儿音乐可以帮助宝宝培养下列技能：• 倾听 • 节奏感 • 把眼睛和头转向音乐传来的方向 • 说话能力 • 控制情绪 • 专注力 • 将来的数学和逻辑思维能力

伴着节拍起舞

用你的前臂和手掌托住宝宝，让你们的眼睛保持在 20~25 厘米。跟随着音乐的节拍，把宝宝不断地举起、放下。当然，这对你的手臂也是一项很好的锻炼！

辨别声音的方位

让宝宝躺在小床里，把录音机或 CD 机放在房间的一个角落。给宝宝放一会儿音乐，然后关掉。把录音机或 CD 机移至房间的另一个角落，再把音乐打开。这样做可以引导宝宝转动头部来寻找声音传来的方向。

休息时间

每天在固定时间播放相同的音乐给宝宝听。当宝宝吃饱、洗干净、换好尿布以后，就把他抱在你的胸前，随着音乐的节奏轻轻拍打他的后背，有助于宝宝进入睡眠。

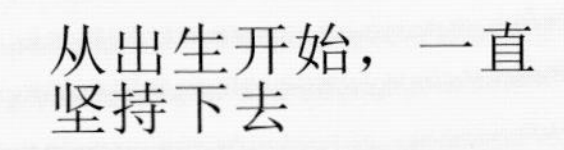

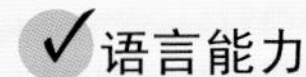

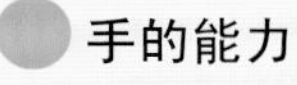

26 歌声和摇篮曲

宝宝喜欢有人为他唱歌，特别喜欢听你唱歌。歌声会让他感到**安慰**，同时，让他觉得他是大家关注的焦点，这使宝宝觉得自己是**安全的**和重要的——这一点对宝宝**自尊心**的**建立**至关重要。在夜里，歌声作为惬意睡眠的前奏，有利于宝宝享受**愉悦的**睡眠时间——这是每个宝宝与生俱来的权利。记住，任何歌曲，即使是最新的流行歌曲，只要唱得节奏舒缓都能成为摇篮曲。

技能培养

歌声和摇篮曲可以帮助宝宝培养下列技能：• 说话 • 倾听 • 对音乐做出反应 • 记忆力 • 友善 • 节奏感

你的歌声

挑选出你喜欢的抒情歌曲，制成录音带，在放给宝宝听的同时，你可以跟着一起哼唱。几个月后，你会惊奇地发现宝宝已经能跟随你唱出其中的一些歌曲了。

翩翩起舞

为宝宝唱起摇篮曲，并把他抱在怀里一起在房间里起舞。

感受音乐节奏

为宝宝唱起摇篮曲，随着歌曲的节奏轻轻拍宝宝的后背，或者把宝宝抱在臂弯里，随着歌曲的节奏轻轻地摇。

27 带动作地演唱童谣

技能培养

童谣游戏可以帮助宝宝培养下列技能：• 说话 • 倾听 • 对音乐作出反应 • 记忆力 • 友善的态度 • 节奏感 • 协调性 • 预见性

童谣可以帮助宝宝学习说话，因为宝宝可以模仿其中的节奏，同时童谣中包含大量的重复内容，还可以帮助宝宝深化学习内容。宝宝出生伊始，你就应该在照料他或抱着他的时候给他唱一些童谣。从 3 个月左右起，宝宝就能够学会伴随这些童谣做动作，等他再长大一点儿，协调能力变得更好的时候，宝宝就能够根据不同的童谣表演相应的动作。

挑选童谣

你可以建立一个自己的童谣集（你可以从图书中查找那些经典的童谣，并用自己的语言记下来），并一遍遍地重复同一首童谣。你最喜欢的童谣也一定会成为宝宝的最爱，而且宝宝喜欢这种重复性的演唱。

调换名字

把宝宝的名字加到他所熟悉的童谣当中，例如“山姆和杰瑞爬上山坡……”宝宝听到自己的名字一定会非常兴奋。

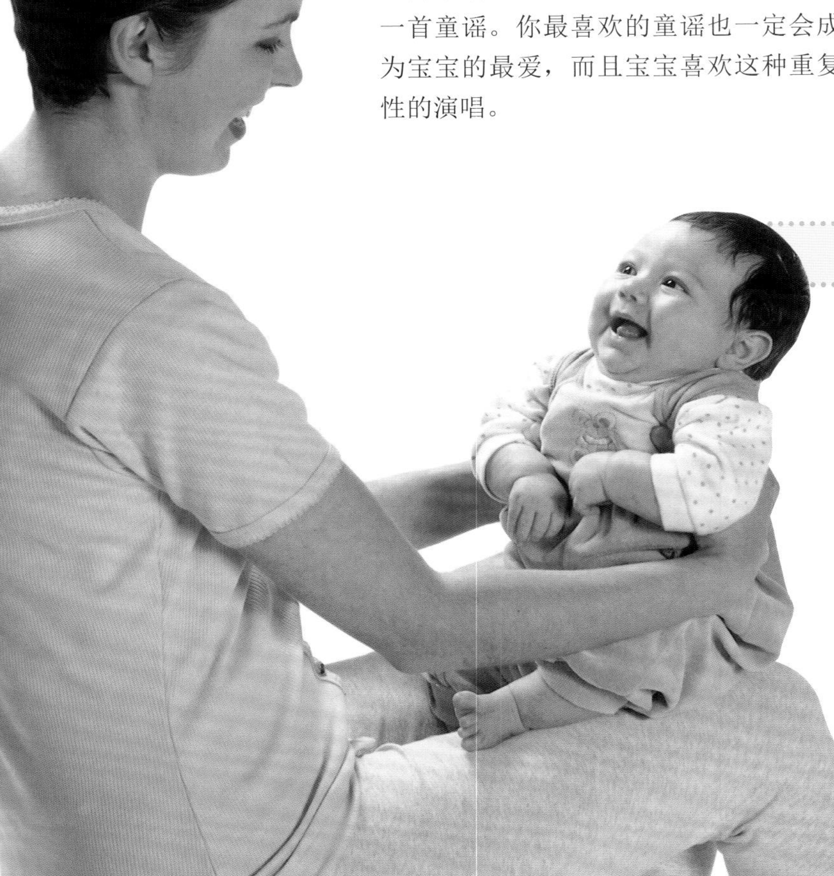

接下来呢？

童谣的另一个功能是帮助宝宝理解“故事”的概念，理解“接下来发生什么”的含义。你唱一段童谣给宝宝听，加带动作、手势和表情。当宝宝熟悉了这段童谣之后，你在童谣重要的地方突然停顿，看宝宝是否能够做出适当的反映。当然，如果宝宝做不出适当的反映，那么你就继续给他唱，毕竟这只是游戏。然后加入故事的讲述：“猜猜接下来发生什么？是的，小姑娘坐在了土墩上。然后呢？然后一只蜘蛛坐到了她的身旁！”

28 摇铃与拨浪鼓

宝宝喜欢各种各样不同的声音。刚出生不久的宝宝喜欢音调高的声音，因此能够发出尖锐声响的玩具最为合适。等宝宝再长大一些，任何声音他都喜欢！并且，宝宝喜欢自己弄出声音，无论是拨浪鼓和能发出尖声的玩具，还是他自己发出的声音。拨浪鼓可以教给宝宝一个高智商的概念——因果关系——“当我摇动拨浪鼓的时候，我能使它发出声响。”

技能培养

这些游戏可以帮助宝宝培养下列技能：• 手的控制能力 • 手眼协调能力 • 抓取 • 因果关系 • 听力

2~6个月

摇动玩具

选择一个声音比较特别的摇铃玩具。首先，由你来摇出声响，让宝宝看清你的动作。一边摇一边给宝宝讲解。用玩具轻轻敲打宝宝的手，然后让他的手指攥住玩具的把手。手把手地和宝宝一起摇响玩具。很快宝宝就能够有足够的力气自己抓住玩具并摇响它。

用力捏

用力捏塑胶玩具让它发出声响，然后把宝宝的手放在玩具上，教他如何捏响玩具。捏玩具的动作颇有些难度，因此宝宝要花些时间才能掌握。

6~10个月

坐着吱吱响

把一个可以发出声响的塑胶玩具放在椅子上或地板上，然后演示给宝宝看。你坐在玩具上面让它发出声响，对宝宝说“噢，妈妈好笨哦！”接着两人一起大笑。然后让宝宝也坐在玩具上面，让玩具发出声响。你们可以轮流地坐到玩具上面。

找到声音的出处

把能够发出声响的、质地柔软的塑胶玩具放在垫子上，然后把宝宝轻轻放到它上面，让玩具发出声响。问宝宝：“声音是从哪里来的呢？”找出玩具，并在宝宝面前再次捏响它。这个游戏可以重复多次。

29 脚和脚趾

对于宝宝来说，脚和脚趾就像手和手指一样的有趣儿。从大约 4 个月起，宝宝就能在躺着的时候抓住自己的双脚，并且以极大的兴趣玩弄自己的脚趾，就像玩手指一样。这里介绍的脚和脚趾游戏将让宝宝更加意识到自己脚和脚趾的存在——可以作为走路的早期序曲。

技能培养

这些游戏可以帮助宝宝培养下列技能：• 友善 • 幽默感 • 感受和情绪 • 说话 • 模仿能力 • 灵活性 • 协调性

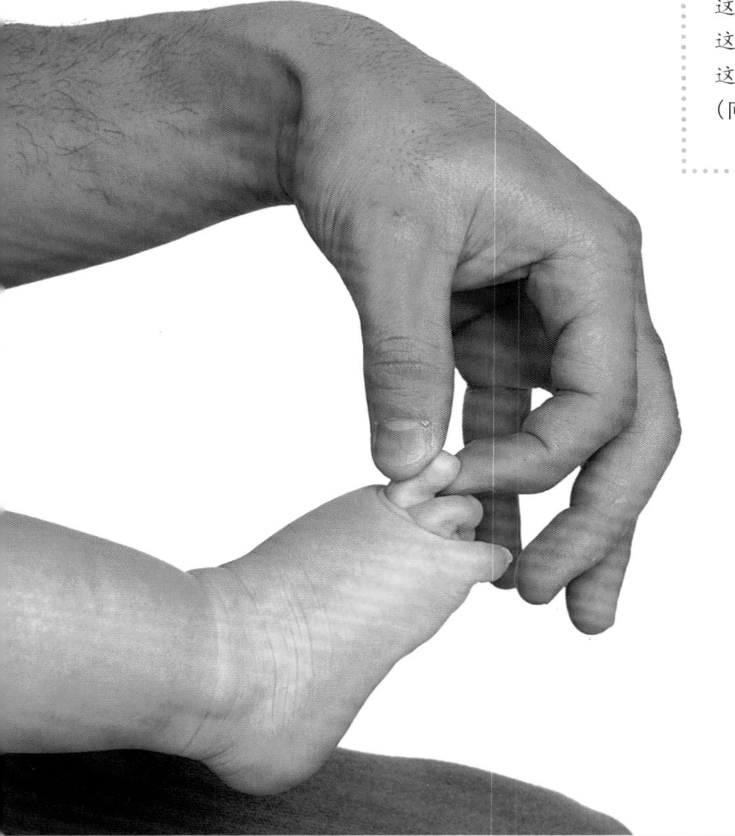

数小猪

演唱下面帮助宝宝认识脚趾的童谣：
这只小猪上市场（摇晃宝宝的大脚趾），
这只小猪留家里（摇晃宝宝的二脚趾），
这只小猪吃了烤牛肉（摇晃宝宝的三脚趾），
这只小猪什么也没吃着（摇晃宝宝的四脚趾），
这只小猪（摇晃宝宝的小脚趾）早早回到了家里头（向上胳肢宝宝的腿和腋窝，或者胳肢他的脚心）。

嘿呦嘿

让宝宝躺下，伴着节奏拍他的脚：
嘿呦嘿，嘿呦嘿，
这是指甲，那是指甲，
都好好地穿着鞋子。

脚趾童谣

边唱下面的童谣边数宝宝的脚趾头：
五妞妞（扭动宝宝的小脚趾），
四小弟（扭动宝宝的四脚趾），
三中趾（扭动宝宝的三脚趾），
二拇弟（扭动宝宝的二脚趾），
大拇哥（扭动宝宝的大脚趾，做出假装要吃掉大拇哥的样子）。

3~12 个月　✓智力　✓语言能力　✓身体活动　手的能力　✓友善

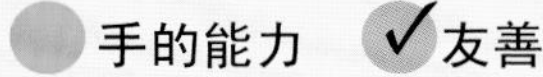

30 骑马

宝宝喜欢紧张刺激、上下颠簸的“骑马”游戏。这个游戏不仅能够帮助宝宝提高平衡能力和增强力量，建立宝宝对你的信任感，还可以满足宝宝的冒险欲。同时，通过游戏还能让宝宝建立起“马”的概念，了解马和其他动物——如“猫”和“狗”的区别。

技能培养

“骑马”游戏可以帮助宝宝培养下列技能：• 平衡性 • 协调性 • 力量 • 蹬、踢的动作 • 理解力 • 信任感

各种骑马姿势

当宝宝坐着时，能使头部和身体保持成直线，就能很好地享受游戏带来的节奏感。你坐下来，把宝宝放在你的膝盖上，让他面对着你坐好，然后你上下颠动双腿，让他享受各种骑马体验：

这是女士的骑马姿势，
是一路小跑的（小幅度地上下颠动双腿）；
这是男士的骑马姿势，
是疾驰而行的（颠动幅度加大）；
这是农民伯伯骑马的姿势，
总是昂首阔步的（稳稳地上下颠动双腿）；
最后，掉到沟里了（迅速放低你的双腿，假装马跌进沟里，但要用双手紧紧地抱住宝宝）！

骑上高头大马

让宝宝坐在你的膝盖上，让他手里抓住一个摇铃玩具，他可以伴随着骑马的节奏摇晃玩具：

我骑上高头大马（轻轻地上下颠动双腿），
看见一位漂亮的女士骑着一匹白马；
她戴着耳环，脚上系着铃铛（引导宝宝在适当的时候摇响手里的玩具），
走到哪里都有美妙的音乐做伴儿。

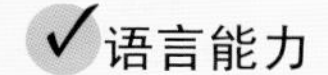

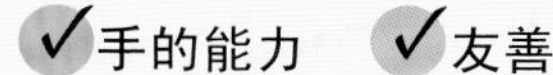

31 玩手链

新生儿缺乏良好的协调性，所以身体活动的目的性不强。你可以在宝宝的手腕和脚踝上系一个铃铛或手链，鼓励他多进行手臂和腿部的活动，从而增强力量，加强对身体的控制能力，增强身体活动的目的性。宝宝很快就会意识到，当他活动四肢的时候就会弄出声音。这样，在他学习身体运动的同时，还能加深对因果关系的理解。

技能培养

玩手链游戏可以帮助宝宝培养下列技能：• 因果关系 • 专注力 • 视力 • 倾听能力 • 灵活性 • 协调性

铃儿响叮当

购买一个带铃铛的手链或脚链，也可以自己制作，铃铛必须选择重量很轻的，然后用丝线或塑料线把铃铛穿起来，系在宝宝的手腕或脚踝上。让他意识到，每当他挥手或蹬腿的时候，铃铛就会发出声响。让宝宝重复几次这样的动作，并给他讲讲其中的奥妙。然后，让他保持几分钟的安静。其间，宝宝在下意识地活动双手或双腿的时候就会知道，原来他自己是可以弄响铃铛的。

有趣儿的脚法

当宝宝可以坐起来的时候，可以通过他对脚的兴趣建立起他的协调能力。给宝宝穿上带有鲜艳图案的袜子，并鼓励宝宝把它们脱下来。袜子应该选择宽松一些的，这样宝宝容易抓取并脱掉它们。

2~12 个月　✓智力　语言能力　✓身体活动　✓手的能力　友善

32 餐巾纸的乐趣

质地轻薄、可压缩的材料均能为宝宝带来无穷的乐趣，因为他可以看到、听到并感觉到自己的行为所带来的成果。宝宝可以轻易地揉搓、撕开或丢弃餐巾纸（不要让宝宝把它吃进嘴里），而且餐巾纸发出的“沙沙”声正好能满足宝宝敏锐的听觉。宝宝在一次次摆弄餐巾纸的过程中，会不断加深对“目的性”的理解。餐巾纸也非常容易控制，所以能很快帮助宝宝增长技能。

技能培养

这些游戏可以帮助宝宝培养下列技能：• 因果关系 • 手眼协调能力 • 手的控制能力 • 听力 • 抓取能力 • 增强双腿力量

2~5个月

踢“球”

把一些餐巾纸揉成一团，放在宝宝小床的床尾。这样宝宝一踢腿就能感觉到，并听到“沙沙”的声响。告诉宝宝纸球的位置，并鼓励他用力踢。

讲解并示范

让宝宝坐在小椅子里，当着他的面揉搓一些餐巾纸并弄出“沙沙”的声音。然后给宝宝讲解并示范，描述纸巾的颜色以及发出的声响。

5~9个月

餐巾纸球

和宝宝一起坐在地板上，把一些色彩各异的餐巾纸放在地上。当着宝宝的面揉搓、撕碎或展开餐巾纸，并向他解释你在做什么。然后把一个大一些的纸团放在他的手里，帮他一起用力挤压。

撕纸

像上面的游戏一样，只不过这次是把餐巾纸撕成纸条。告诉宝宝怎样撕纸——他必须使用双手一起撕。

✓智力
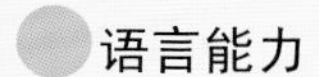
语言能力

✓身体活动
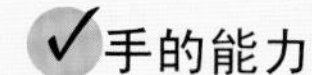
✓手的能力

友善

33 玩偶游戏

大约从第八周开始，宝宝就能将双眼聚焦在一点上，当他实现双眼协调工作以后，就可以欣赏一些简单的玩偶表演了。手套玩偶和手指玩偶非常适合小宝宝，因为它们质地柔软、安全。木勺玩偶更适合稍大一些的宝宝，因为宝宝可以安全地把它们拿在手里玩，还能敲击出声响。你可以去购买手套玩偶和手指玩偶，当然，自己制作也相当容易。

技能培养

玩偶游戏可以帮助宝宝培养下列技能：• 理解力 • 记忆力 • 好奇心 • 观察力 • 专注力 • 想象力 • 动手能力 • 参与能力 • 语言能力 • 幽默感

动物魔法

宝宝喜欢小动物，可以给他一些可爱的手套玩偶，例如猫或狗等。把玩偶展示给宝宝时，记得要模仿相应动物的叫声，并把这个动物的图片展示给宝宝。如果有可能，可以将真的动物指给宝宝看，并告诉宝宝："小猫喵喵叫。"

和玩偶一起玩耍

用手套玩偶和宝宝一起玩"挠痒痒"和"藏猫猫"的游戏。

韵律时间

用手指玩偶表演简单的童谣，然后帮助宝宝把玩偶套在他的手指上。

木勺玩偶

给宝宝木勺玩偶，让他拿在手里玩耍。同时，编出一些故事，并用木勺玩偶来演绎这些故事。

安全提示
检查玩偶上是否有容易脱落或被咬下吞食的小物件。当你购买类似玩具时，检查一下是否有安全检查标志。

2~12 个月

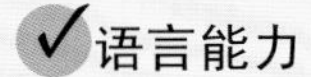

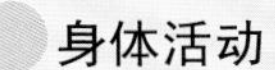

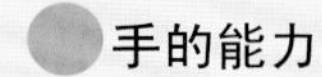

34 制作简单的玩偶

即使是婴儿，也可以拿出玩偶跟他们玩很多游戏（见游戏33）。这些玩偶制作方法简易，多取材于日常生活用品。你不必非常擅长缝纫和手工，因为你可以利用一些日常闲置的物品来制作，就算这些玩具不能持久也没有关系。

所需材料

- 毡子
- 剪刀
- 胶水
- 笔

安全提示

注意一定要使用无毒的颜料和胶水。同时，不要让宝宝把这些玩具吃进嘴里。

袜子玩偶

你可以用旧袜子制作各种手套玩偶，甚至都不用做任何装饰——只需要把手伸进袜筒。当然，你可以用扣子做玩偶的眼睛和鼻子，或者用水笔画出它的五官。

木勺玩偶

挑选一个干净的木勺，用无毒颜料在上面画出各种图案，可以画出有趣儿的脸谱、动物或昆虫。

手指玩偶

最简单的手指玩偶就是剪掉旧手套的手指部分，锁好边并加以装饰即可。你还可以按照下面的方法制作出更精美的手指玩偶：

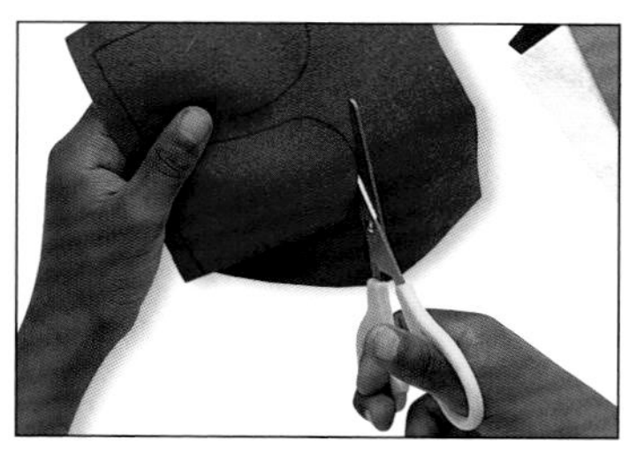

1 比对你的手指，在一块毡布或质地坚挺的材质上画出手指玩偶的大小，然后剪下两片作为玩偶的身体。毡布以颜色鲜艳为宜。

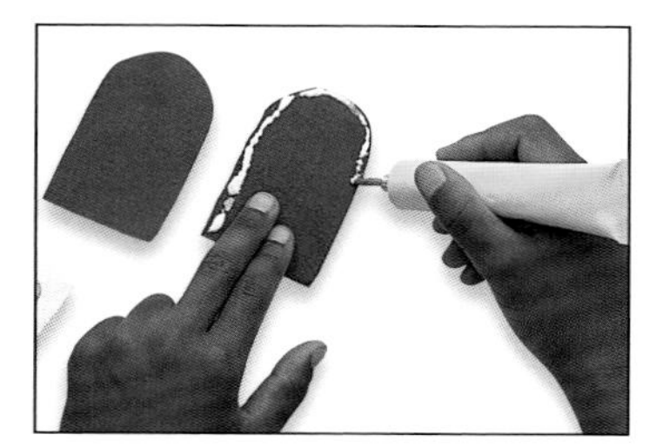

2 沿着其中一片的边缘涂上胶水（底边除外），把两片毡布粘在一起，然后晾干。

3 用布片剪出五官粘在玩偶的身体上，或是用水笔画出五官。另外，你还可以为玩偶加上翅膀或尾巴，从而制作出简单且容易辨认的动物形象。

35 面团的乐趣

宝宝喜欢玩那些他容易掌握的材料，例如水、食物、沙子和面团。面团对宝宝有特殊的吸引力，因为面团在塑形后，能保持形状不变。面团富有弹性和黏性，能够被卷起、揉捏，同时还有五彩缤纷的颜色。玩面团能教会宝宝许多**很难理解的道理**，并且能够锻炼其**手和手指的灵活性**。玩具面团可以从商店里买到，也可以用简单、便宜的方法自行制作。

技能培养

这些游戏可以帮助宝宝培养下列技能：• 手的控制能力 • 手指的控制能力 • 手眼协调能力 • 模仿力 • 操作能力 • 专注力 • 空间感 • 创造力 • 想象力 • 对“因果关系”的理解

小猫的胡须

把面团擀平，切出一个猫（或其他动物）的形状。同时，用面团捏出猫的眼睛、鼻子、嘴巴和胡须，并问宝宝应该把它们放在猫的什么部位，看宝宝能否指出正确的部位。然后把它们各就各位地粘在猫的身体上，并给宝宝作解释。

用模具塑形

给宝宝一块面团、一根玩具擀面杖和一些塑料的蛋糕模具。为宝宝示范如何捶打、擀平面团，及如何用模具切割出各种形状。

玩面人儿

用面团捏出一个人形。当然，你不必非得有艺术家的手艺，因为宝宝有能力从最基本的形状对其进行辨认！可以让面人儿做出各种姿势——坐、手放在膝盖上、倒立、躺、踢腿或其他动作，同时为宝宝讲解。如果宝宝乐意，还可以让他去摆弄面人儿。

小小糕点师

找一个制作芝士馅饼或姜饼的配方。让宝宝在和面、擀皮和切割的过程中给你帮忙。你们可以制作一个人形的姜饼，配上眼睛、鼻子和嘴。当然，这个过程可能会弄乱你的厨房，不过，宝宝从中获得的乐趣远比散落的面粉要重要得多！宝宝一定会欢喜地享用最终的劳动成果，同时，还会进一步加深其对“因果关系”的理解。

36 如何制作面团

所有的宝宝都喜欢动手创作，即使只做一个“泥巴饼”。当宝宝八九个月的时候，他就能在游戏中模仿你做饭或做其他家务的动作。面团是非常理想的玩具，因为它具有可塑性、持久性和可重复利用性。

所需材料

• 面粉 • 食盐 • 食用油
• 水 • 酒石 • 食用色素

如何制作面团

把两杯面粉、一杯食盐、一茶匙食用油、一茶匙食用色素和两杯水倒在锅里混合在一起，用中火煮。不停搅拌，直到面团凝在一起。继续搅拌几分钟，把面团拿出来，再揉上几分钟。最后把面团放在密闭的塑料容器当中。注意不要让宝宝吃面团。

让宝宝参与进来

揉面团是参与性很强的游戏。无论你在做什么食物，宝宝都可以尝试模仿你的动作，用面团创作出“作品”来。当你做蛋糕或馅饼的时候，不要忘了给宝宝一小块面团玩。这会让他觉得自己长大了，并且有存在感，因为他和你在一起劳动。不管宝宝捏出什么形状的“作品”，你都要把它烤熟。

㊲ 新生儿的舞步

从宝宝降生的那一刻起，锻炼身体活动能力的游戏都会对宝宝成长的各个方面产生影响，包括他的智力和自我价值感。此外，通过游戏还可以帮助宝宝提升对头部的控制能力。

轻轻地把宝宝提起来

当宝宝躺在床上的时候，把你的食指放在他的拳头里——他会紧紧抓住你的手指。轻轻地将宝宝提高几厘米，并保持几秒钟的时间。宝宝的头会耷拉着，不过这对宝宝不会造成任何伤害。这种活动将会帮助宝宝加强颈部肌肉，提升他对头部的控制能力，从而促使宝宝尽快实现头部和身体的同步运动。稍后，轻轻地把宝宝放下来，同时，表扬宝宝是个聪明的孩子！

把腿伸直

当宝宝躺着的时候，轻轻地舒展他的双腿。起初，宝宝的腿会保持胎儿时期的弯曲状，但如果你能尽快地帮助宝宝舒展开双腿，他就能很快地学会踢腿，并增强腿部的力量。将宝宝的双腿捋直以后，帮助他做几次屈膝运动来放松腿部肌肉。你也可以用同样的方法帮助宝宝舒展双臂。

技能培养

这些游戏可以帮助宝宝培养下列技能：• 对头部的控制能力 • 对身体活动的感知 • 骨骼、肌肉和关节的发育 • 力量和灵活性 • 促进大脑—肌肉—神经的关联 • 成就感和愉悦感

38 在地板上飞翔

宝宝喜欢躺在宽敞的地板上，特别喜欢和你一起躺着。飞翔游戏可以帮助宝宝增强身体上和心理上的冒险性。**扭动身体和踢腿都在为宝宝将来爬行做准备。当他意识到他正学习将身体向前推进**，那么这些试图让身体离开地面的努力都是值得的。

准备起飞！

和宝宝一起头对着头地趴在地板上，两人头部保持15厘米。把宝宝的手臂摆成像机翼一样向两侧张开的样子（向他解释你所做的一切），你也摆出同样的姿势。现在，你抬起头，嘴里喊着宝宝的名字。鼓励宝宝也抬起头，看着你。

技能培养

这些游戏可以帮助宝宝培养下列技能：• 颈部力量 • 对头部的控制能力 • 灵活性 • 平衡性 • 翻身 • 坐立 • 爬行 • 面对挑战

“跳伞”

和宝宝肩并肩地躺在一起。像上面的游戏一样，张开你们的双臂。不过这一次还要抬起你们的双腿，就好像在跳伞一样。鼓励宝宝做出和你相同的动作。当宝宝成功做到这些，记得要给他一个大大的拥抱。

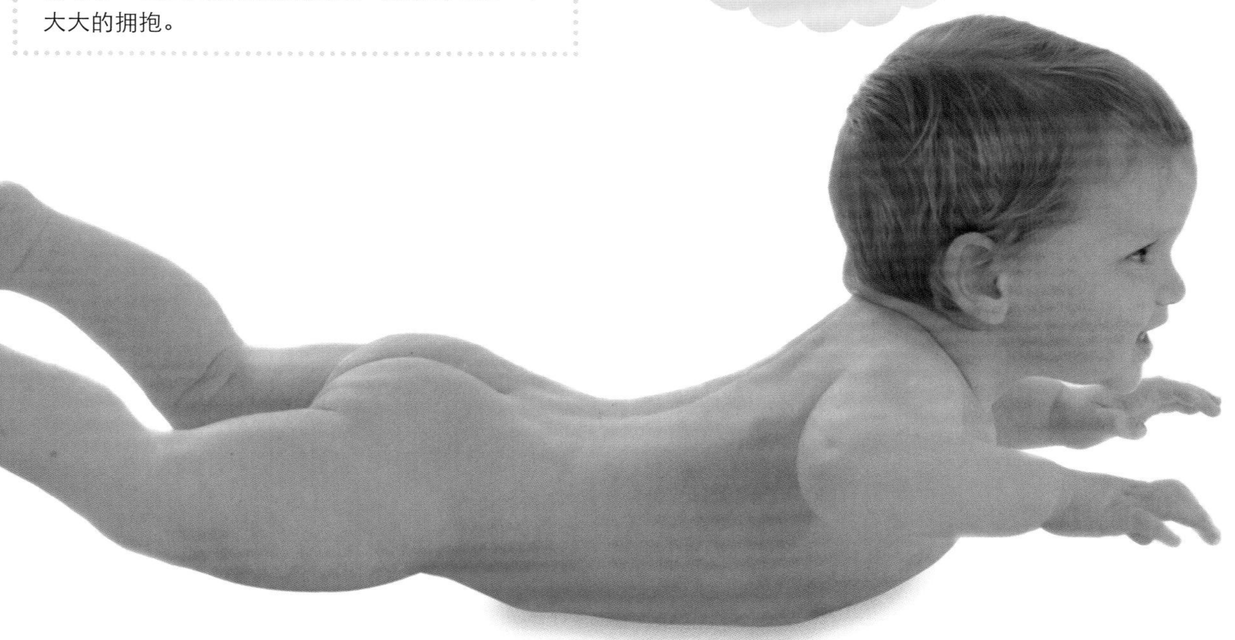

39 宝宝坐立运动

不必等到宝宝头部控制能力非常好的时候再做这些游戏。即使宝宝头部有些向后仰也没关系，他会努力支撑头部使其与身体保持成直线，而且这种努力会**增强颈部的力量**。无论你相信与否，这是“宝宝技能指南”中**行走**技能的第一步。宝宝会很喜欢被拉起身坐着，因为这样他就能**四处观望**了。

技能培养

通过“坐立运动”可以帮助宝宝培养下列技能：• 头部的控制能力 • 坐立 • 平衡性 • 灵活性 • 成就感 • 力量 • 好奇心 • 参与意识

起来！

让宝宝仰面躺在床上，然后你拉住他的手，使他变成坐姿。做这些动作时要慢慢的、轻轻的，这样即使宝宝的头向后仰，也不会造成身体损伤。在宝宝逐渐坐直的过程中，向他描述你所做的一切。稳稳地支撑住宝宝的身体，让他坐立 1~2 分钟，然后慢慢放下他，让他重新躺在床上。宝宝的头部控制能力每周都有所提高。大约到 4 个月时，当你把他拉起来，他将能使头部和身体保持成一条直线。

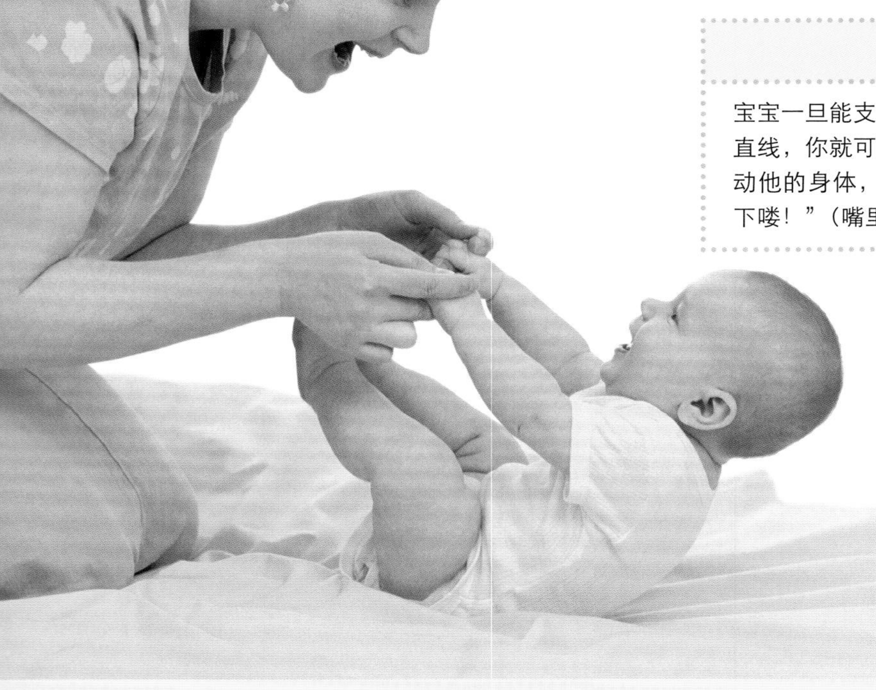

起来，躺下

宝宝一旦能支撑住头部，使其与身体保持成一条直线，你就可以让他坐在你的膝盖上，轻轻地拉动他的身体，并对他说：“约翰起来喽！约翰躺下喽！”（嘴里叫着宝宝的名字）

当心！

在宝宝能支撑起头部，使其与身体保持成直线时（从 4 个月开始），你就可以让他在你的大腿上弹跳。把你的手放在他的腋窝下抱稳他，把你的双腿稍稍分开一点儿，好像宝宝就要从缝隙处滑落一样。

40 宝宝健身房

在宝宝能够坐立以前，他醒着的大部分时间是仰面躺在婴儿床里或被限制在婴儿车里。你可以提供一个宝宝健身房让他高兴一下——把一些看上去有趣儿的玩具（也可以选一些能发出声音的玩具）系在婴儿床的上方，放在宝宝能看见并能击打到它们的地方。这个健身房很特别，因为它不仅能锻炼宝宝的手臂，还能锻炼宝宝的大脑。你可以购买一个现成的宝宝健身房，也可以把各式各样的玩具用绳子或皮筋系在一起，为宝宝亲手制作出一个健身房。

技能培养

通过“宝宝健身房”可以帮助宝宝培养下列技能：• 专注力 • 理解力 • 观察力 • 集中力 • 手眼协调能力 • 对“因果关系”的理解

0~3个月

摸摸这些玩具真好

摇晃系着玩具的绳子或皮筋使玩具晃动起来。依次触摸玩具，并告诉宝宝发生了什么。拿起宝宝的一只手，帮助他够到并触摸这些玩具。然后鼓励宝宝自己试一试。

高踢腿

把宝宝健身房移至宝宝的脚部，给他演示如何踢到这些玩具。

3~6个月

抓和拉

用坚固的架子和物品来制作宝宝健身房，这样宝宝会很安全地抓住它们，例如环状玩具。拉住这些环状玩具，并让宝宝看到你的动作，然后把宝宝的小手放在环上，帮助他来拉住这些环。宝宝很快就能学会抓住它们。

安全提示

家庭制作宝宝健身房，要用一些不易拉断、拽断的材料，而且玩具要大一些，以防被宝宝误食，同时，一定要把它们牢固地系在一起。

41 宝宝的球类游戏

这些游戏并不是要让你的宝宝进入国家足球队，游戏的目的是给宝宝介绍球类运动，并给他引入“球”的概念。这些球类运动会增强宝宝很多宝贵的身体技能，如**手眼协调能力**——一项宝宝应该在第一年里掌握的极重要的技能。在进行这些游戏时，可以先从一个简单的气球开始，然后逐渐发展到一个大的、柔软的、有弹力的球。

技能培养

通过这些球类游戏可以帮助宝宝培养下列技能：• 踢 • 推 • 滚动物体 • 手眼协调能力 • 掌握时机 • 瞄准目标 • 手的控制能力 • 识别形状 • 轮流做事 • 与人分享

4~7个月

让球弹回来

让宝宝背靠着支撑物坐在地板上，把一个气球放在他的腿上，给他演示如何踢腿使球弹回来。玩气球充满乐趣，而且还能给宝宝引入“圆形”的概念。

把球踢回来

这个游戏需要两个大人和宝宝一起做。其中一个大人扶他坐在地上，另一个大人把球滚到宝宝跟前，让他把球踢回或击回。

7~12个月

注视球的滚动

让宝宝坐在地上，你轻轻地把一个大的、色彩鲜艳的、富有弹性的球滚向宝宝的腿部，鼓励他把球踢回或滚给你。到宝宝1岁前，他将拥有足够的平衡力和手的控制力，会用张开的手臂把球拦住或把球夹在两腿中间，并能将球扔回或滚给你。每次你滚球的时候，要记得告诉宝宝：“球在滚动，因为它是圆的。”

4~12 个月 ✓智力 语言能力 ✓身体活动 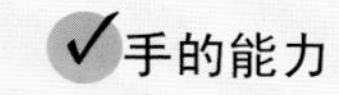 ✓手的能力 友善

42 宝宝俯卧撑

宝宝趴着时抬头的能力是他通向爬行和行走技能的重要一步。这些简单的身体技能将使宝宝慢慢地掌握复杂的技能。如果他不能坐起来，他就不能爬行。如果他没有力量把头抬起（在宝宝出生的最初几个月里，头是他整个身体最重的部分），他就不能坐起来。如果他在扭动身体的时候不能**保持身体平衡**，他就不能坐稳。

技能培养

通过“宝宝俯卧撑”可以帮助宝宝培养下列技能：• 对头部控制力 • 颈、背和手臂的力量 • 灵活性 • 翻身 • 平衡性

2~4个月

抬头

你坐在地板上，让宝宝面向你趴下。让他的两臂成一定宽度放在身体前面，直到他自己有足够的力气做这个动作。在离宝宝 20~25 厘米处叫他的名字、摇晃拨浪鼓或挥动一个色彩鲜艳的玩具。把玩具拿得稍微高一些以便宝宝抬起头能看到它。当宝宝抬起头看玩具的时候，记得表扬他。

4~6个月

离开地面

当宝宝能够使胸部离开地面以后，你把拨浪鼓拿得更远、更高一些，并且左右摇晃，这样可以促使宝宝左右上下地运动头部。

6~9个月

往后看

现在宝宝有力量用双臂撑起全身，使胸部和腹部离开地面，同时把头抬起。现在，你要在他的身后晃动拨浪鼓，使他转动整个身体。到宝宝 9 个月的时候，他就能用一只手够玩具而且身体依然能保持住平衡。

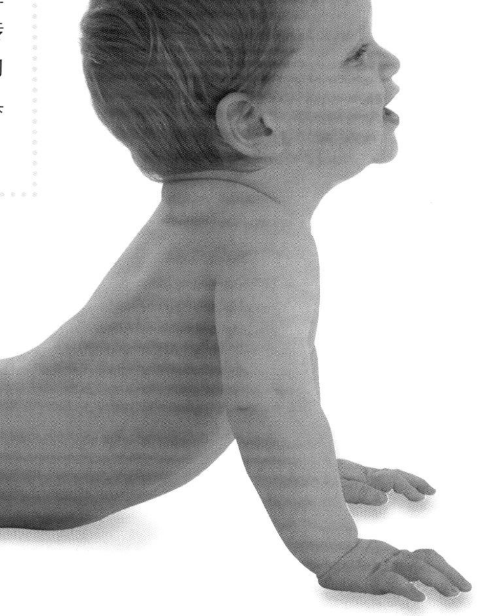

43 “给”和“拿”

宝宝大约在七八个月的时候能够用自己所有的手指，而不再用手掌去抓取东西，这时，你就可以开始引导他进一步完善“抓东西”的技能。“给”和“拿”的游戏能帮助宝宝**有意识地、准确地松开**手中的物品而不是乱扔物品。学会把物品递给另外一个人也是需要**社交技能**的——这是最难的一课——**学会与人分享**的前奏。

技能培养

通过练习“给”和“拿”，可以帮助宝宝培养下列技能：

• 手眼协调能力 • 对手的控制能力 • 对手指的控制力 • 完善抓的技能 • 松手 • 与人分享 • 观察力

7~9个月

“给”和“拿”

把玩具放在宝宝的手心里。当他拿好以后，对他说：“妈妈要把玩具拿走一会儿。”然后一边轻轻地把玩具从宝宝手里抽出来，一边说：“宝宝真聪明，把玩具给妈妈，好吗？”如果他做对了，亲吻他。稍后，对宝宝说：“好，妈妈把玩具还给你。”之后，重复以上的动作。

用手拿

把玩具放在婴儿座椅的托盘上，然后把宝宝的手指放在玩具上，这样使他能弯曲手指把玩具抓在手里。鼓励宝宝试着把玩具拿起来。

握紧

把一个玩具放在宝宝的拇指和食指间滑动。宝宝可以用其他的手指拿玩具，但是如果一开始你就让他用拇指和食指拿东西，就会帮他引入“像钳子一样抓”的概念。

9~12个月

学会与人分享

给宝宝一个他从没见过的或最近没有玩过的玩具或小物件。他将对这个东西非常好奇并急切地想拿到它、探究它。然后，你要求他把这个玩具还给你，如果他做对了，你要表扬他并把玩具还给他。如果他不能主动这么做，你就轻轻地把玩具从他手里拿回来，并不断地对他说：“你真是个好孩子。”

44 在家里最喜欢的人和物

技能培养

通过“在家里最喜欢的人和物”，可以帮助宝宝培养下列技能：• 识别能力 • 倾听 • 记忆力 • 说话 • 建立某种关系 • 安全感

宝宝从一出生就对声音有所反应。你的声音对他非常重要，在2周大的时候，他就能将你的声音从其他人的声音中辨别出来。当他听到你的声音，会得到安全感。他对亲近的其他家人的面孔也会作出反应——特别是当他们面带微笑的时候。通过家人的照片，可让宝宝知道爷爷、奶奶等人的存在，即使这些人并不在场，同时照片还能够教给宝宝“家”的概念。

熟悉的声音

把你跟宝宝说话的声音、叫他名字的声音或给他读童谣的声音录制在磁带上。录制一盘妈妈的声音，再录制一盘爸爸的声音。如果还有其他经常照顾宝宝的人，也可以录制一盘带有他们声音的磁带。让宝宝舒服地躺在婴儿床或婴儿车里，轻轻地拍他并播放这些磁带。几分钟以后，停止轻拍，并继续播放录音。

学会放松

按照前边提到的方式播放录音，使宝宝放松，然后离开。如果宝宝表示抗议，赶快走到他面前，关掉录音，叫他的名字。然后再播放录音，再离开。这样可使宝宝知道如果他需要你，你就会回来。

熟悉的面孔

为宝宝制作一本家庭相册。把他最喜欢的家人照片贴在卡片上，让宝宝仔细端详照片。如果有可能，把照片放大使宝宝能看得更清楚些，并跟宝宝一起谈论照片上的人。

45 婴儿抚触

大约在 50 年前，就有研究表明婴儿希望**被触摸**的愿望与被喂食的愿望一样强烈。对一个新生儿来说，触摸对他的健康成长就如**同维生素一样必不可少**。宝宝喜欢温柔地按摩并且这种按摩开始得越早越好。因此，每天花上几分钟对**宝宝身体的各个部位进行抚触**，这对于他来说简直是太美妙了，而且还能帮助他认识自己的整个身体。

技能培养

通过“婴儿抚触”可以帮助宝宝培养下列技能：• 建立关系 • 学会信任别人 • 放松 • 保持平静 • 反应能力 • 灵活性

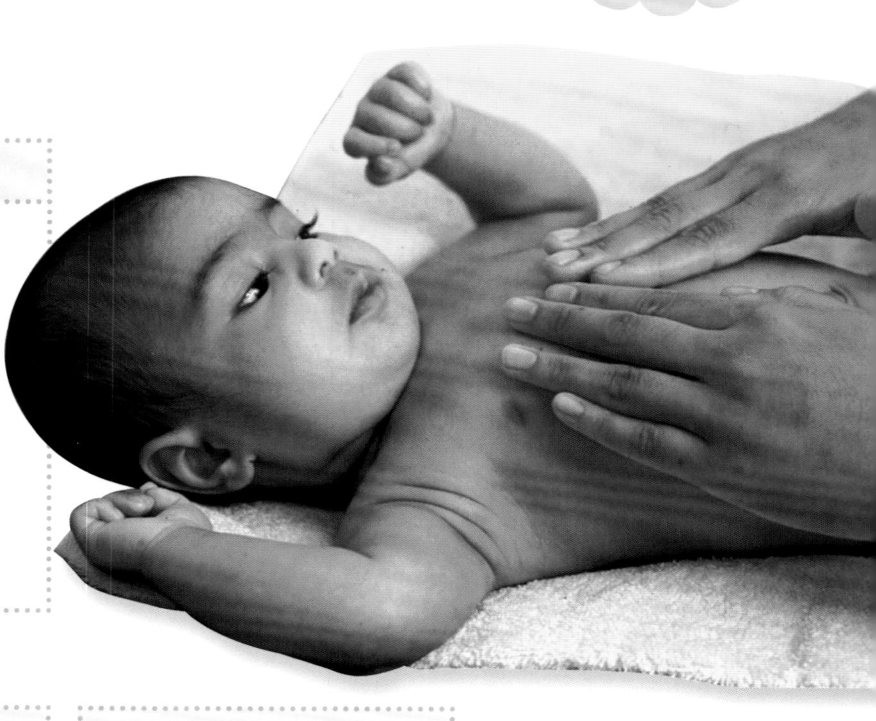

识别身体的各个部位

用双手按摩宝宝的脸部和头部，从他的额头中间开始。随着宝宝的成长，他的理解力会逐渐增强。当你给他按摩的时候，要反复地说出他身体各个部位的名称，例如当你按摩他脸部的时候，要让宝宝的注意力集中在他的眼睛、鼻子和嘴上，并说出这些部位的名称。

不同方式的按摩

让宝宝仰面躺在床上，然后轻轻地按摩他的颈、肩膀、躯干、腿和脚，按从头到脚的顺序进行。轻轻地重复一遍上面的动作，再做一遍的时候，稍微加大力度。

不同的按摩速度

重复以上按摩动作，但是这一次进行得要非常缓慢，然后再快速重复一遍。当你按摩的时候，你要告诉宝宝你所做的一切，在宝宝趴着的时候，重复这套动作。

使用婴儿按摩油

在你的手上涂上少量的按摩油，然后重复前面的按摩动作。

46 镜子，镜子

从出生到一周岁，乃至更长一段时间，宝宝会对面孔十分着迷，尤其是着迷于他自己在镜子里的影像。照镜子是一种乐趣，也是一项高智商的活动。起初宝宝只是把镜子看成是人脸的一部分，然后发展到好奇“谁在镜子后面”，最后逐渐意识到那就是他自己——这是发育的更高阶段。

技能培养

通过“镜子，镜子”游戏可以帮助宝宝培养下列技能：• 识别面孔 • 识别不同面孔的特征 • 自我感知 • 记忆力 • 看 • 友善 • 模仿力

他是谁？

把宝宝抱到镜子前，这样他就看到了镜子里的你和他自己，然后你说：“镜子里是宝宝的脸”，并轻轻地抚摸他，然后微笑着指着镜子中你的脸说：“这是妈妈的脸，妈妈在微笑。”

时隐时现

帮助宝宝明白即使他没见过某些东西，这些东西也是存在的。先让他看见你在镜子里的脸，然后你把脸从镜子里移开让他看不见，接着再次出现在镜子里。同时，伴随这些动作不断地说：“这是爸爸，现在他走了，看，爸爸又回来了。”

这是什么？

先指着宝宝在镜子里的眼睛说：“眼睛能看。”接着指着他的耳朵说：“耳朵能听。”再指着他的嘴巴说：“嘴巴能吃东西，能微笑，能说话。”最后指着你自己的脸，重复以上动作。

宝宝在哪儿？

做法与上面“时隐时现”相同，不过这次让宝宝的脸在镜子里出现，然后移开。

47 吹气和吹口哨

往宝宝的皮肤上轻轻吹气、吹口哨或哼唱等，这都会让宝宝觉得痒痒的。你可以使用这些方法来逗宝宝**发笑**。当你让他模仿你的动作时，你可以帮助他开发用来**发声**的肌肉。这些动作能使宝宝意识到**嘴巴**的存在以及它的用途。如果再加进声音，你就能够帮助他用舌头和嘴唇发音——这是**开始说话**的前奏。

2~6个月

胳肢宝宝的肚子

在给宝宝换尿布的时候，轻轻地往宝宝的肚子上吹气，边做边描述。当宝宝咯咯笑的时候重复以上动作。

6~12个月

吹泡泡

在宝宝能看得到的地方吹肥皂泡，然后鼓励他模仿你来吹泡泡。你也可以用吹羽毛来做类似的游戏。

哼唱游戏

哼唱一支曲子，同时把宝宝的手指放在你的嘴唇上，让他感觉到振动。鼓励他模仿你，然后也发出同样的声音。

技能培养

通过对宝宝“吹气和吹口哨”的做法，可以帮助宝宝培养下列技能：• 说话 • 对话模式 • 感觉 • 看 • 倾听 • 专注力 • 模仿力

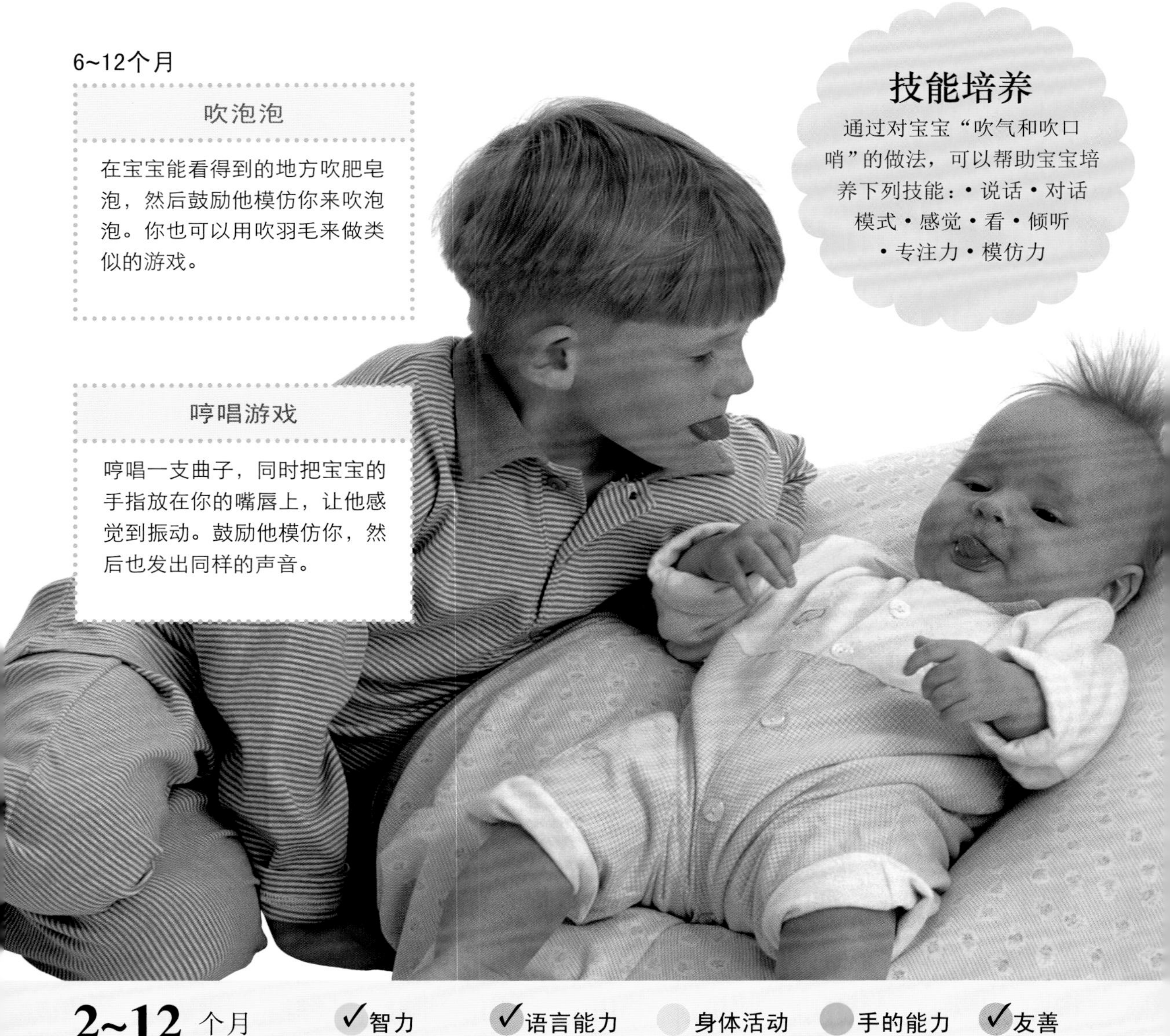

2~12 个月　✓智力　✓语言能力　身体活动　手的能力　✓友善

48 触摸和感受

如果你轻轻地触摸新生儿的面颊，他会把你的手指当成乳头来寻找。他的皮肤很敏感，会对**不同质地的物体**做出迅速的**反应**，尤其是那些他不熟悉的。令人惊讶的是，这些触摸和感受能很大程度地帮助他**开发智力**，例如帮他理解两个对立事物的概念（如：粗糙的—平滑的，坚硬的—柔软的）。

技能培养

通过让新生儿对某物的触摸和感受，可以帮助宝宝培养下列技能：• 手的控制力 • 实验性 • 理解“对立概念” • 放松 • 预测力 • 对话

理解反义词

让宝宝躺在游戏毯上，这样他能感觉到游戏毯的质地。帮宝宝用手轻轻地触摸两种完全不同质地的材料——先是平滑的，然后是粗糙的，并告诉宝宝触摸两种材料不同的感觉。

触摸不同质地的布料

给宝宝不同的布料让他去感受，比如缎子、毛巾和天鹅绒。不久他就会用它们开始玩“藏猫猫”的游戏。你也可以引导他用手去触摸爸爸的下巴。

探索游戏毯

从3个月起，让宝宝倚着靠垫坐起来，也可以让他坐在婴儿椅中或把他放在你的膝盖上。拿起游戏毯给宝宝看缝在上面的不同质地的材料，并帮助他拿住游戏毯，研究这些材料的不同质地。

商店里有很多种宝宝用的游戏毯，你也可以自制一个。用不同质地的材料剪成方块儿，用毛线把它们坚固地拼缝在一起，然后将其裹在一块儿小毯子的外面。但一定要确保没有松散的线圈，以防套住宝宝的小手指。

宝宝成长的下一个阶段

当孩子两岁时，他的发育变得更加令人激动。

- 当孩子能够走路和说话以后，他将成长为一个真正意义上的“人”。
- 孩子将以令人吃惊的速度进行身体的、智力的以及社交技能的学习，不过你必须实事求是，不要过早地寄予过高期望。

爱和鼓励

当孩子开始迈着蹒跚的步伐走进成人世界，并开始尝试融入周围的家庭成员时，你便是他最重要的“引导者”、“翻译者”和“啦啦队长”，而且后者更为重要。

你所给予的无条件接受、关爱和尊重是孩子建立健康的自我形象的基础。同孩子建立起一种相互尊重、相互关爱的关系能增进孩子的安全感、爱心、自信心以及对他人的尊重，这是其他的东西无法替代的。

最有自信的孩子是能自我接受的人。这种孩子能够极好地应对生活中的困难。为了让他在实际生活中快乐，你应该为他制定他能够达到的目标，使他不会产生严重的挫败感，并能很好地维持他的自我形象。

作为家长，你有必要时不时地引领孩子度过困难时期，使他在成长过程中了解自己并知道自己的不足之处。

你为孩子营造的家庭氛围不应该限制他的发展或压抑他的好奇心及冒险欲。如果那样，孩子将不能充分地发挥其潜能。鼓励孩子培养自己作为个体的独立性，而不应该迫使他去适应一个设定好的模式——你所期望的模式，只有这样你才能教会孩子拥有自信和决断力。

作为父母，另外一个重要的责任就是教孩子意识到他人的存在，从而使他容易地交上朋友，避免成为封闭的、不合群的人。切记，如果孩子的反社会行为不被制止，他将永远不会被社会认可。

学习如厕

教会孩子如厕需要你具备良好的判断力和耐心。如果你认为该是孩子会便后擦干净的时候了，就对孩子加以期待的话，那么你就完全错了。这种期待的唯一正确时间应该是孩子准备好的时候。所谓“准备好”，意味着孩子的大脑、神经和肌肉已经充分发育。在孩子 21 个月以前，神经系统还没有发育完善，肌肉也不能自由支配，因此，为了孩子着想，在 21 个月以前不要在这方面对孩子有所期望。千万不要强迫孩子坐便盆，因为这样只会让他拒绝合作，而且很可能导致以后的麻烦。

意外时常发生。你一定要记住，一个18个月大的孩子几乎不能意识到自己在尿尿，就更别提他能够告诉你他要尿尿了。再过1个月他可能会比画着或者用含混不清的声音表明他尿湿了尿布，但这个时候他还不能憋着等你拿来尿盆。从这时起，孩子等待的时间大约每过一周能延长一分钟。随着年龄的增长，憋尿的时间越来越长，到了2~3岁孩子能憋上几个小时。所以，重要的原则就是：不要试图过早地训练孩子，不要过分热衷学习坐便盆；要把学习的主动权交给孩子，让他按照自己的节奏成长；不要把“意外”看得太重。

学习独立

没有独立带来的安全感，孩子就不能与人交往、同人分享、明白事理、性格外向、对人友好、有责任感、尊重他人以及他们的隐私。很多其他的品质也来源于孩子对自己的信心——好奇心、冒险精神、乐于助人、体贴和慷慨等。拥有了这些品质，孩子才能够更好地与人交往，自然也会从生活中得到更多。你所倾注的爱会以自我价值感和自信心在孩子身上体现出来。爱当然不是唯一的刺激，你还可以用别的方式给予鼓励。

学习助人。让孩子帮你去取东西，如购物袋或簸箕，可以让孩子感觉到自己是一个有用的人。

学习作决定。让孩子作一些小的决定，比如玩什么玩具等，这样孩子会逐渐学会运用他的判断力并依赖这种判断力。

学习身份认同。询问孩子的喜好，征求他的建议，给予他身份上的认同，让他意识到自身的重要性。

学习身体上的独立。让孩子做一些难度逐渐加大的运动，如上下跳跃、扔球或踢球等，这样可以让孩子为自己力量和身体协调性的增强感到兴奋。

学习情感上的独立。向孩子表明你是可以信赖的：你会在离开他后又回来，你会在他受伤害的时候来安慰他，你还常常在他处于困境时帮助他。

索引

致谢

DK公司感谢：

感谢Spencer Holbrook，Elly King，Johnny Pau, Dawn Young对本书设计方面提供的帮助；感谢Steve Gorton，Gary Omber，Andy Crawford对本书插图的完善；感谢Fiona Hunter对本书的校对，以及Hilary Bird对索引的编辑。

本书是对2005版及2009版的修订本。

本书中汤米所玩的玩具符合米里亚姆·斯托帕德（Dr. Miriam Stoppard）的“宝宝技能成长”，在82页中出现的刀叉，也是遵循了宝宝日常喂养规律，并由米里亚姆·斯托帕德与V&A公司共同研发。